亞莉的
懷舊客家菜

// Cindy Hakka Kitchen

張亞莉 著

大灶小灶內的經驗傳承，庶民美食經典再現

傳承、記錄與創意

我跟亞莉一樣喜歡吃，到各地旅行總打聽好吃的餐廳在哪？
盤算著去品嚐

　　在台北故宮博物院工作的生涯中，經常護著文物到世界各地展出或到各地博物館洽談合作事宜，為了方便工作，常下榻在博物館附近，於是在博物館周邊尋找美食，竟成為工餘調適生活的樂趣。

　　博物館發展迄今，已不僅傳播文化、推廣教育，更成為人們休閒育樂最佳選項，我出任中華民國博物館學會理事長時（2009～2013），曾將博物館與附近美食連成一氣，在觀光局的贊助下，出版了中、英、法、西、日文版《悠遊臺灣博物館》，除了介紹博物館外，也介紹了鄰近的美食。

　　因此當我認識亞莉的好客廚房後，曾主動邀亞莉到我的研究室，鼓勵她將臺灣的客家美食介紹給大家，傳承客家人的飲食文化，孰知亞莉早有此念，已默默進行多年，正蓄勢待發。

傳承與創新客家佳餚

　　亞莉貌美、聰穎、努力，從演藝圈拍戲、主持，進入廚房做菜，研究食譜、傳承美食、創新廚藝，角色轉換極為成功。她因「魂牽夢縈・家的味道」，因而念茲在茲傳承與提升奶奶與媽媽的客家菜。她曾問我如何借鏡故宮文物提昇客家美食的擺盤呢？與哪位當代臺灣陶藝家合作能增添傳統客家美食的時尚感？

　　她送來爸爸農場的自然耕蔬菜、親手做的芋頭粄、花蓮羅山的泥火山豆腐乳及自己進口的紅酒等等，娓娓地向我介紹客家菜所重視的食材、醬料與料理特色，強調客家美食佐紅酒口感極佳。在在說明了亞莉的雄心壯志，她不僅要傳承客家美食，教授各式客家料理繼續抓住大眾的味覺；更要創新、提昇、推廣，讓平實不華麗的客家菜時尚化、年輕化，與社會的流行趨勢緊密契合。

細說兒時餐桌上的味道

　　《亞莉的好客廚房》反映了亞莉對客家美食的記憶與企圖，從兒時餐桌上奶奶媽媽做的炆爌肉、福菜炆筍乾出發，細說自己做客家料理的心路歷程，客家菜的特色食材及調味料，分門別類介紹了醃漬類：酸菜、福菜、梅干菜、蘿蔔乾、長豆乾；醬缸類：桔醬、紅麴、紅糟、紫蘇、醬冬瓜、破布子、黃豆醬等客家特色；接著教授了四炆四炒等數道精心烹調的料理。

　　亞莉沒能記錄奶奶媽媽的手藝，卻走訪全臺，為八位客家媽媽留下她們拿手的仕餚，既稍解思念已久兒時餐桌上的味道，也創造機會傳承了臺灣的客家美食，更進一步從客家菜出發，創意出新的客家料理，表達了亞莉最佳的思親孝親方式。

客家菜的好滋味

　　這是一本食譜，亞莉期待還願意動手做飯的人，能簡單在家料理出美味的客家菜；這也是一本傳承與介紹臺灣客家飲食文化的書，因著亞莉滿滿的思親念舊情懷，客家菜的好滋味躍然紙上，令人食指大動。

前國立故宮博物院院長
寶吉祥文史研究院院長　馮明珠

好客好食。好好珍惜

資深媒體人 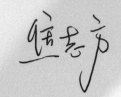

以前我們常說：行萬里路勝讀萬卷書

在早年那個資訊不發達的時代，就算你是個博覽群書的狀元，與其看著有可能存在誤謬的他人之說，倒不如實際走出去，走到當地現場親眼看一看，畢竟眼見為憑嘛。

客家人之所以稱之為「客家」，正因為他們從古早的祖先開始，就有到處移動作客他鄉的特性，因而得到了「客而家焉」的稱號，也正因為這樣四處作客的行徑，讓客家人累積了更多來自於生活之中點點滴滴豐富寶貴的實用知識！

數位科技的快速發展，使得現在人不必再像以前人那樣行萬里路去累積知識了，靠著媒介的力量就能夠做到真正的「秀才不出門，能知天下事」！就好像綜藝節目裡頭的那句順口溜一樣：沒知識也要有常識，沒常識就要常常看電視！所以現代人家家都有電視，人人都是萬事通。

擁有一本客家書，知天下事成秀才！

說到「客家菜」，那真是中華料理中的一絕，憑藉著客家祖先們的生活智慧，以及強韌的生命耐力，靠山吃山，靠水吃水，把每一個大自然的珍貴食材都做到了充分發揮物盡其用的地步，呈現出來的菜色雖不是滿漢全席的澎湃大菜，但絕對是居家生活過日子的好食美食。

這次亞莉老師以自身客家妹的角色來介紹客家菜，不僅把客家菜的典故、由來和背後的故事細說從頭，同時也要向大家仔細的介紹各種客家料理中常用的食材；當然，這個客家妹也絕不會藏私，一定要親自下廚為大家示範如何把這些食材製作成為一道一道美味的佳餚，那些經典的客家菜色到底要如何才能燒出那個原汁原味，我相信以亞莉老師自己豐富的廚藝經驗，加上多年在媒體前主持的閱歷，一定能夠把「客家菜」這檔事向所有的讀者們「說清楚，講明白」！

客家的祖先靠著一雙腳走出了經驗和智慧，亞莉老師靠著一雙手寫出做出這本好食譜，而撿便宜的我們『只要擁有了這本書』，就等於不用走出門，知道了天下事，當了個現成的秀才呀！

溯源追根，客味飄香

客家電台的一姐，客家料理的代言人

亞莉我是認識於客家電視台，是客台力捧的當家一姊！

亞莉的主持功力，客家話更是無人能比，當初一起錄影總覺得一位美女應該只會主持！怎麼會做菜呢？話說術業有專攻！每個人所扮演角色都是不同的。後來在節目中也一起下去作客家菜，妙的是！往往參加對手都是屢屢挫敗！讓我覺得亞莉對客家菜料理的研究與付出，真棒！

凡事親力親為

亞莉這幾年投入了客家，遊山玩水，活動不斷，相對的也可以看到，吃到，客庄最原始一面，可以說是增加小時候的回憶！凡事要親力親為下鄉與阿婆，媽媽，鄉親們打嘴鼓！才可以套出一些醃漬手法，料理訣竅，透過可以彼此分享，學習心態亞莉虛心受教，才能快速成長。

在此阿郎哥為大家推薦《亞莉的好客廚房》這本書；此書為大家找出客家醃漬物，作法，來源，故事等等的溯源，可以當作工具書，亦可當作料理客家菜的入門，用心亞莉推動客家飲食文化，我們一起給予支持！

客委會諮詢委員　邱寶郎

用紮實手藝溫度征服味蕾的
全能藝人

一般來說，如果是「廚師」身份出版美食料理書，彷彿是件理所當然的事；而要是以「藝人」的身份出書，特別是講究技術的美食料理書，在大部份人的眼裡還是看熱鬧的成份居多，信服和買單的人少之又少。

然而，事實上真的是廚師身份出書就比較厲害嗎？

我自己專研美食近 20 年，也出版過美食料理書，更在主持美食活動和廣播節目中認識和了解到許許多多的美食料理書製作出版過程，我只能說：「別讓亮麗的表面書皮矇騙了你的雙眼！」

說真的，做料理這事，其實也不難，只要按部就班把比例抓得好，端上桌的味道自然也不差。只是，有些料理是講究「滋味」的，好吃，只是它的基本標準，而真正打動人心的滋味，則是那入口後的「文化涵養」和「舒心溫度」了！

特別是客家料理，如果說你不懂得客家文化的生活滋味，對食材、對老祖宗的智慧敬重、對生活的感恩，只是制式化的解讀客家美食，是很難讓人感動，更別說和客家滋味畫上等號了！客家料理看似簡樸的飽食餐飲，越是在簡單處展現它傳承千年的不簡單。而要把客家料理美食做得好，進而出版成書，這確實是一個大學問和大挑戰。

一波新興的客家美食傳承發展

至於阿月仔（亞莉），我認識她時，她是電視裡閃亮亮的美麗主持人。後來一路看見她展現在藝人身份外的才能，特別是廚藝教室經營、教學、評審和證照方面亮麗的成績，讓我相當驚豔。

此外，在邀請她到我的廣播節目中成為美食單位的固定來賓，而我也受邀上她所主持的電視料理節目後，對於她真材實料的高超料理手藝和飲食文化素養，相當折服。

　　這回她跨足美食出版，特別是客家美食料理書，根據我所對她的認識和了解，不但替她感到高興外，更相信會對我們目前的客家美食出版市場帶來更大的影響力。

　　畢竟她本身是客家子弟，長年來關注客家美食的傳承和發展，對於客家媽媽們的料理技法和美食的故事瞭如指掌外，還經常出席料理競賽把客家美食的食材特色和人文元素與其他料理切磋，進而推廣客家飲食文化。因此，她的這本料理書不止是本客家美食工具書，更是一本有客家文化底蘊和人文滋味的美食書。

有溫度的人和故事

　　我喜歡有溫度的人和故事。

　　而阿月仔（亞莉）不但是好朋友，有人文溫度，還是一位用紮實手藝溫度征服味蕾的全能藝人。

　　我，推薦給所有喜歡料理美食和客家文化的朋友們！

美食旅遊作家

廣播金鐘獎最佳主持人

貪吃的料理魂

從小就喜歡背著大人在廚房裡偷吃東西。

母親常笑我：「這麼貪吃，將來沒人敢娶妳！」愛吃的特質至今都沒變過。

進了演藝圈，時常到處跑，每到一處新地方，最興奮的莫過於品嚐當地美食，嚐過好吃的菜，回家就想試做看看。挑戰舌尖的記憶是件有趣的事，有人說我天生就有敏銳的味蕾，我倒是覺得，還是有幾分是靠後天吃出來的經驗。研究食譜與廚師學藝，是我年輕時最大的興趣。

熱情讓生命轉彎

2011 年因緣際會，從藝人的身份跨領域投資經營 yamicook 廚藝教室，靠著對廚藝的熱情與傻勁，每天早出晚歸，經常一天工作 15 小時以上。當時廚藝教室並無相同規模的企業模版可複製，從未學過經營管理的我深知，若想成功，光靠熱情是不夠的，我需要更多的專業知識支撐，這促使我回到大學進修餐飲管理。邊學邊做，從一個門外漢奮力讓廚藝教室起死回生，轉虧為盈。期間除了得到自我肯定的成就感外，最大的收穫便是有機會認識國內外優秀的料理大師，趁機向他們討教習藝。熱情加上努力，讓我的事業更寬廣，生命更豐富。演員、廚藝老師、美食節目製作人、主持人，食譜作家，無論什麼身份，我都樂在其中。

魂牽夢縈　家的味道

　　規畫出一本客家菜的食譜書已經有 10 年之久，當初的動機很簡單，就是想留住、傳承家的味道。

　　吃遍各地美食，最耐吃的還是從小吃到大，家裡的那幾道家常菜。即使習得多國料理，最想學的還是奶奶與媽媽的手藝。傳統客家菜雖沒有細緻的刀工，也不講究華麗的擺盤，更沒有複雜的調味。排除以上，客家菜美味的魅力到底在哪？這也是我想要跟大家分享的。

　　在客家電視台主持節目這些年，認識許多在地客家媽媽，在她們的廚房裡，我嚐到昔日屬於媽媽的味道。這次有幸邀請八位客家媽媽與我一同分享傳統、家常的客家菜，帶領讀者朋友用不一樣的視野，欣賞最純粹的客家庶民文化。

客家美味，真心分享

　　書裡的客家菜都忠於客家精神「原味」、「單純」、「方便」，「實用」，讓不是客家族群的朋友，也能輕鬆跨入喜愛料理客家菜的氛圍裡。只要能多認識客家代表性的食材，加以搭配，掌握火候，必能做出地道的客家菜。

　　在此也跟大家推薦，我在家常做的幾道宴客菜，例如客家小炒、梅干扣肉、桔醬排骨、蔥爆雙冬蒸魚、豆豉蒼蠅頭、紅麴雞酒，客家炒米粉、福菜肉片湯，最後以牛汶水甜品收場，這一桌的佳餚上桌，不用介紹一眼就能看出今天是吃客家菜。

　　推廣傳承客家料理是我為自己訂下的天職。期待現在的自己可以替客家料理的傳承盡一分心力，期待以這本書重現那些封存在記憶裡的家鄉味，讓更多人能簡單地、親手做出美味的客家菜。

有你們 我的生命更有意義

藉由出書之際，我想感謝在我生命中最重要的三位男士，家父、先生、還有兒子。感謝他們總是默默在背後支持我。先生與兒子，是我永遠的首席試吃員，當我做出一道新菜，他們總是能給出最直接中肯的建議，之後把飯菜吃光。

還有我的父親，種一園子各式蔬果，當我最大的食材供應商，也是我的頭號粉絲。他還說得一口好菜！常常睡前接到他的電話，與我討論我在節目中做的菜要如何可以更好！聽他津津樂道，電話這頭的我即使再累，都不忍心打斷他，我知道這是家父愛我的表達！

特別要感謝我在臺師大念 EMBA 時教過我精品鑑賞這門課的前故宮博物院院長馮明珠教授。在今年要過農曆年的前夕，大家都正忙著封關準備過年，她傳訊息給我，請我過完年去找她。當我去她的研究室，她送我一本食譜書。建議我可以用料理專長，為客家文化傳承出一本客家食譜書，當下我非常的感動！在馮教授的這門課，有 50 幾位學生，課堂上我與馮教授並無特別親密的交集。學期結束後也無私下往來，她竟然還記得我，並花心思與時間給我建議。非常感謝馮教授適時的在背後推我一把！當下我就下定決心，不再給自己藉口。一定要在今年把這本食譜書完成，以謝馮教授提攜之恩。

　　另外也要感謝為我寫序的資深美食節目製作人焦哥、國宴主廚阿郎哥、金鐘主持人士凱，感謝平日的照顧，有您們的支持與鼓勵，給我力量，讓我有更堅定的毅力完成這本書。

　　還要感謝大力協助我出版此書的「上優出版社」薛總、林副總及編輯董董、美編育如，攝影師 Ray、Damon，製作團隊巧紜、Nora。有你們的共同參與，讓「亞莉的好客廚房」這本食譜書更加華麗精彩，讓傳統客家菜有了現代客家料理的新風貌，重新詮釋現在客家料理生活姿態。在出書過程中，我被大家為了追求完美，不滿意就打掉重練的默契深深感動！謝謝你們讓我感受到尊重、信任與接納的正能量。有你們真好！

　　最後我要將此書獻給在天上的奶奶及媽媽，是您們給了我客家的DNA，還有永遠不會忘記的「家的味道」。

張亞莉

客家歷史源流

筆路桃弧輾轉遷，南來遠過一千年，

方言足證中原韻，禮俗猶留三代前。

《人境廬詩草》卷九　　黃遵憲

朔本追源

客家的民族性，從歷史的軌跡中就能看得些許端倪。原住在華中、華南丘陵山區的客家人，從五胡亂華至今，經過五次戰亂、飢荒、逃難的顛沛流離，造就了客家人對環境的適應性。「逢山必有客、無客不住山」非常貼切的說明客家人居住的習慣。南遷後落腳在台灣的客家先民，仍然選擇依山而居。也就形成了現在大家所熟悉的客家村落。

崇天敬地 飲水思源

務農靠天吃飯，客家人更懂得謙卑敬神。小時候每逢節慶祭典，大人們裡外忙碌，張羅祭祀儀式及五牲供品。豬圈裡最肥的豬公與雞舍中最大閹雞，當成獻祭的牲禮。誠心向天上眾神稟告這一年的收成，感謝神明的庇佑並請求風調雨順，五穀豐收。

先民離鄉背井，作客他鄉。民族的延續成為客家人重要的課題！家家都有屬於自家姓氏的堂號、祖譜。堂號在客家莊的老房子門楣上、墓園、祖先牌位都能見到。那是榮耀先祖的記號，也像是對外的招牌，如我姓張，我家的堂號是清河堂，熟捻堂號的朋友經過我家看見門前的堂號必能知道這是張姓人家。祖譜則是家族的品牌故事。如我的祖譜裏頭就詳細的記載，先祖從宋代居住於福建，在某一世因戰亂輾轉遷徙廣東，至今張氏宗親在世界各地開枝散葉。我在台灣已是第二十六世。這樣的祖譜對外人來說或許沒有什麼！但對我來說，它讓我擁有自己是誰，從何而來的踏實感。

客家飲食文化

分明入口抵瓊漿，冷滑真堪解熱腸。

篩影團團凝粉藕，銀絲縷縷點洋糖。

涼亭喚賣招炎客，隴畝充飢餉雪娘。

數十年來成習慣，何嫌消夏一甌嘗。

《米篩目》　張達修

本份殷實勤奮愛家

靠山吃山、靠海吃海，客家人因居住環境的關係，多以務農為主。在農作中最能體會大地的恩典。全家族同住四合院不分男女老幼，已有工作能力的都需捲起袖子，每天日出而作，辛勤照料莊稼。也正因為這樣的生活型態，造就了大家對客家人的印象，有家庭觀念，知足務實及吃苦耐勞、堅忍不拔的個性。

靠山吃山

居住環境造就客家人的飲食內涵，依山而居務農維生。善於觀察天地自然，遵照節氣時令作息，農耕畜牧。都以土地息息相關，自給自足。餐桌上以山產禽畜料理居多，鮮少新鮮海味，倒是時常運用曬乾的魷魚、蝦米、鹹魚入菜。這也能看出在交通不便的年代，不靠海的客家先祖飲食的智慧。

務實的需求

農耕需要體力，大量的在太陽下曝曬會讓體內水份流失，在飲食的需要上也就需要補充較多的鹽分。因此，大家對客家料理熟悉的印象即是「肥、鹹、香」。今日的客家人已不全然務農，但還是對土地有濃厚的情感！只要住家附近能找到一丁點閒置土地，就能種出食物來。珍惜土地不浪費，保存老祖先發展的醃漬與醬缸技術，成為客家料理的特色風味。

客家婦女的堅忍不拔

州俗土瘠民貧，山多田少，男子謀生，各抱四方之志，而家事多任之婦人。故鄉村婦女，耕田、採樵、織麻、縫紉、中饋之事，無不為之，挈之于古，蓋女工男工皆兼之矣………古樂府所謂"健婦持門戶，亦勝一丈夫"，不啻為吾州之言也。

《嘉應州志》

勤儉持家

大家對傳統客家婦女第一個形容詞絕對是「勤儉持家」；從古至今，對於客家女子的美德懿行不外乎環繞著四大點：家頭教尾、田頭地尾、灶頭鍋尾、針頭線尾，簡短的幾句話，足以涵蓋她們畢生所要學習的基本教育。

客家婦女的女紅

客家女生所需學會的四大要點，包辦了過去漢民族女性所要學習的所有事情，只不過、客家婦女將「吃苦耐勞」四字發揮得淋漓盡致，她們甚至扛著鋤頭下田種地，一如家中男丁。

家頭教尾

傳統的客家婦女，黎明起包辦所有家務，家庭觀念重的客家人，習慣整個大家族住一起。進門的媳婦，不只要照顧夫婿，也要侍奉公婆、養育孩子，照料小姑小叔。犧牲奉獻照顧一家大小，永遠把自己擺在最後一位，也就養成了習慣為別人著想，知足順從的個性。

田頭地尾

下田種地的苦活也是客家女子的義務，犁田、除草、施肥樣樣精通，插秧、播種更是不在話下，到了收割期還要煮點心，扛到田裡給來幫忙的師傅吃。小時候曾聽奶奶提起，以前的婦女有多能幹！曾有婦人忙到忘了自己的預產期，就在田裡自己接生，之後還自己走回家。小時候聽這樣的故事比較無感，現在回想覺得客家婦女真能幹！

灶頭鍋尾

煮飯燒菜、料理各式菜餚，用心滿足一家大小。我從沒聽說哪個年長的客家媽媽是不會煮飯的，群聚的客家婦女，聊天的話題總在於交換料理經驗，只需口傳心授，也不用上烹飪班，就能替家人準備一桌豐盛的菜餚，而且個個都是米食高手，過節自家沒做粄（米食）怕小孩看別人吃，再累都要做，既然做了就多做一些，分送妯娌街坊，熱情喜歡分享，這也是我走遍台灣各地，遇到的客家媽媽共同的特質。

針頭線尾

客家婦女不只會下田做粗活，製衣、縫紉、織布、刺繡樣樣能幹，擁有一雙巧奪天工的手，包辦家裡大小的穿著。一天忙碌過後，張羅孩子上床睡覺，自己還要挑燈修補衣服，傳統客家婦女的手是萬能的，願意照顧人的心是偉大的。

亞莉的人生四部曲

鄉間童年

　　我在頭份的客家庄長大，奶奶生了九個孩子，男生中爸爸排行老大，我是長女也是長孫女，自小就得到長輩們的厚愛，記憶裡我常跟著大人在田裡採水果吃、追雞抓蟲，像個野孩子。媽媽雖然是閩南人，從台南嫁到客家庄，在大家族裡很快的融入客家生活，學會了客家話，也跟婆婆學做客家菜。農忙的時候跟著奶奶、扛著大鍋去田裡，大家夥兒一起吃點心

　　進了小學，父母親開始做生意，我便從小學三年級開始學著做飯，做家事，替弟妹準備便當。爸媽工作忙碌，媽媽總會滷一大鍋爌肉，讓我們吃一個禮拜。誰有空誰先吃飯。那時我渴望一家人能團聚一起吃飯的熱鬧溫馨感。因此我很喜歡過節！只有在過年過節，全家才有機會全員到齊圍桌吃飯。

戲劇人生

　　高中時我讀的是戲劇，畢業後不久即成為台視的簽約演員，演戲是我的第一個興趣，年輕時很享受在舞台上，揣摩劇中角色的人生。

　　當客家電視台成立之後，很榮幸能用自己的母語，在電視台主持歌唱競賽節目長達 12 年之久，偶爾也接演電視劇。雖然鎂光燈下的工作絢麗迷人，但下了戲、結束工作之後，我的身份就是愛做菜的主婦、孩子的媽。我喜歡利用忙碌之餘研究如何做出美味料理，連睡前的閱讀習慣都是「讀食譜」，錄影空檔參加專業課程，學習各國、各式的烹飪技巧，最後索性自己經營廚藝教室。

　　業外成績漸漸受到肯定，我開始從音樂節目轉型至美食節目。

　　現在也跨足節目製作，希望可以製作有教育、傳承意義的節目。對社會做出利他的貢獻。

轉型

接手管理 yamicook 是個很奇妙的機緣，從學員變成經理人

我利用五年的時間轉換經營模式，成功替公司和自己找到新的定位

其實藝人轉型是很辛苦的，相較於主持及拍戲，以做料理來當成是事業生涯的轉換

當然更「隱形」許多，我難免得面對初見面的朋友所投以的不確定、甚或是訝異的眼光

於是我更加努力，重返校園學習餐飲管理、與各界烹飪大師切磋交流

結合過去在演藝圈積累的養分和辦活動的技巧，還有那始終澆不滅的熱情

我擦亮了 yamicook 的品牌

推動學童食養教育也是我在烹飪教學裡的重要一環，學做菜是培訓獨立精神的好方法

我帶著一群孩子參觀超市、說明如何選購

我從基礎開始教他們，往往在課程結業後，家長們都能感受到小朋友明顯的改變

其實學習廚房事務也是惜物態度的培養

從做中習得「誰知盤中飧、粒粒皆辛苦」的道理，這正是我最初的發想

分享和服務

　　我也曾遇到失落與挫敗，因為失去更能珍惜擁有的美好！很感謝在我困難時，曾經關心協助及給我機會的貴人！當我有能力答謝他們時，每個都說不用謝，那只是舉手之勞。但只有我自己知道，這樣的舉手之勞對需要的人來說有多重要！

　　因此我也希望把受惠的能量傳下去，讓我的舉手之勞也能幫助別人。這驅動我更熱情的擁抱世界！我積極的參與廚師協會社團，公益活動。用我的專長協助廚師的交流成長。幫家扶中心的孩子上課，到安養中心、孤兒院，為弱勢團體、獨居老人義煮。這些讓我很忙！卻忙得很起勁！

　　深刻的體會到有能力為他人付出是件快樂的事！這不就是所謂的「助人為快樂之本」嗎？我相信我會繼續快樂下去！

客家食之有味

客家人習慣在稻作收成後，利用空閒土地種植蔬果，豐富生活中對食的需求，不知大家是否留意了，客家庄的餐桌上鮮少出現從海而來的魚蝦貝蟹，這與族群的居住地點有所關聯，客家人多以丘陵、山區為居所，不靠海的因素，才使得菜餚中少有海鮮、而以禽畜類為多。

「茶」

在客家日常中，「茶」有著崇高的地位，客家族群擅於植茶製茶，最具代表性的就是東方美人茶（椪風茶）、酸柑茶、擂茶。客家人也習慣喝茶，我的爺爺總會在起床後準備一壺茶，以虔敬的心將珍貴的第一泡茶供奉給祖先，餘下的茶湯就用作當日全家飲品。今日我的父親還是承襲爺爺的習慣，每天一定要泡茶，早上起床先到家旁的土地公廟奉茶。

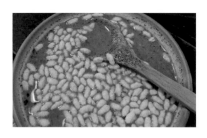

「擂茶」在客家的飲食文化中可算是歷史最悠久。早在幾千年前就存在。當年是逃難時的嬰兒食品，後來才成為家中的點心飲品。其作法是將茶葉與五穀雜糧放入擂缽中用堅硬的擂棍細心研磨成粉狀，食用前沖入開水、調成糊狀，可當泡飯的茶湯或加入米香佐茶食當成飲品。不僅能解渴、還能止饑。今日經濟起飛、生活步調變快，在家擂茶的閒情逸致不在，此道客家風味茶飲已成了客庄老街的觀光美食。

父親的開心農場

家裏的餐桌，最能反映當季節氣，都以當下採收的蔬果來料理，而當令時蔬也最新鮮且物美價廉。我很慶幸我的父親也擁有一塊屬於他自己的開心農場。讓他的退休生活有重心，持續的勞動更讓他的身體保持硬朗。

菜園裡收成的菜、水果永遠跟著節氣走。經過他悉心的照料，菜園都是結實纍纍！家裡人口少根本吃不完。曾經勸他少種一點，要不就拿出去賣，他豁達的回答我：「爸爸種菜不為賣錢，只想讓我的家人朋友吃得健康，看你們吃得開心，我就高興！」，我也就只好扮演女兒賊的角色，負責回家搬菜沿路分送親朋好友。也因此被迫承襲老祖先的智慧，學米食、學醃漬，將盛產的白蘿蔔做成蘿蔔糕或曬成蘿蔔乾。夏天小黃瓜盛產，每次收成都是兩百條起跳，自己吃不完，連分送的親友都吃膩了，下一招就是做成醃脆瓜，轉換成另一道菜，不只可以放冰箱延長食用期限。再分送親友，大家又開心的分食。回頭看這樣的循環，不就是客家老祖先生活的縮影嗎？父親給我們的就是客家人的生活態度及價值觀，可見民族傳承家庭是最重要的角色。

這一味很客家

「鹹、肥、油、香」

「鹹、肥、油、香」足以貫串客家菜的料理精神，其美味的基底非常單純！沒有過多的添加，所有的美味源自於天然食材與醃漬、醬缸的搭配。只靠食材互相融合堆疊，碰撞出實實在在的客家家常味。

客家菜的靈魂三重奏

醬油

對於客家人來說，醬油的味道絕對是他們味蕾中不可或缺的，炆爌肉的鹹香底、醃脆瓜需要的純釀口感、炆豬腳時必備的醬氣 .... 醬油遇熱後撲鼻而來的濃純豆香，已然成為客家鄉親生活的一部分，擁有一瓶好的醬油，絕對是料理地道客家菜的不敗秘訣。

香蔥油

香蔥油之於客家料理也有著關鍵性的地位，不同於台菜的乾燥油蔥酥，客家香蔥油是將紅蔥頭與豬油混炒後拌和在一起，豬油香裡包覆著紅蔥頭的天然香氣，與醬油搭配、一起淋在飯上，準是讓人唇齒留香，炒粄條、客家湯圓裡更是少不了它。有了香蔥油，就算你是料理新人，也可以將客家菜掌握一二。

白胡椒

白椒粉有一股芳香的氣味，帶有一點辛辣的口感，有去腥刺激食慾的功效。在許多客家料理中絕對少不了它！例如炒米粉，花生豬腳湯。試試看作客家菜時比你平常多放一些，你會發現質樸的食材瞬間成了濃濃的客家味！

肥湯
（高湯）

pi˘ tong´

材料

雞架子　　1 個
豬大骨　　2 隻

作法

1　將豬大骨與雞架子洗淨汆燙。

2　準備一湯鍋，放入豬大骨與雞架子加滿水，大
　　火滾後，轉小火，慢火熬 2 小時即可。

這是一道客家經典湯底

加上新鮮芥菜、佐一點鹽

就成了地道的芥菜湯

芥菜不苦澀的秘訣其實是湯裡的黃油

油是整鍋湯的精華

天然的動物性脂肪包裹在菜葉表面

口感自然滑順許多，香氣也更加濃郁

數種蛋白質共同熬煮，口味上是非常有層次的

整株芥菜不切斷，用以肥湯煨煮

就是農曆過年全家團圓時吃的炆長壽菜

除了豬骨和雞骨之外

鴨骨頭、三層肉都可以用來煨煮肥湯

讀者朋友可以依據手邊現有的食材做變化

豬油 & 香蔥油

zu´ iu˘ & hiong´ cung´ iu˘

材料

豬板油	600g
紅蔥頭	300g

調味料

醬油	
白胡椒粉	1匙

豬油作法

1　將豬板油絞碎放入鍋中，以中火均勻拌炒至豬油渣呈金黃色，將油渣撈起，煉出來的油即為豬油。

香蔥油作法

1　紅蔥頭去膜洗淨擦乾，切 0.5 公分小圈。

2　冷鍋倒豬油，加入紅蔥頭，以中小火均勻攪拌，將紅蔥頭水份炸乾，紅蔥頭呈淡黃色浮出油面撈起。

3　炸香蔥油時要注意紅蔥頭顏色勿炸過深，以免香蔥油變苦。

4　待鍋內豬油降溫後，倒入紅蔥頭，加入醬油與白胡椒粉調味。

5　準備乾淨容器，待香蔥油完全冷卻後裝罐即完成。

豬油
拌飯

zu´ iuˇ kung fan

客家族群與生俱來擁有飼養牲畜的本領

自家養豬，當然是能用的部分都不浪費

用豬板油煉紅蔥頭，其實就是頗具客家風的「香蔥油」

不管是麵條、板條、鹹湯圓，只要加上它，即刻充滿客家情懷

香蔥油上厚厚的浮油，可以另行分裝，搭配醬油一起淋在飯上，就成了懷舊的客式拌飯

物資匱乏的年代，這是足以溫飽的美餚

現在反倒變為客家餐館的招牌米食

材料

白飯	1 碗
豬油	1 匙
香蔥油 醬油	1/2 小匙

作法

1　先煮一鍋香噴噴的白飯。

2　添一碗飯。

3　依序淋上豬油、香蔥油、醬油。

4　可依個人喜好配上荷包蛋或滷蛋。

四炆四炒

敬天愛神的民族精神

民族的傳承復興，需要靠語言、藝術、文字等等，飲食也是其中一環。在台灣北、中、南、東都有客家人，各區域的客家菜大致雷同，但也有些微的差異性。為了找出台灣客家菜的代表，客委會與客家長老們花了許多心思！將早年傳統婚喪喜慶較常見的宴客菜歸納票選後得出了這四炆四炒客家菜傳統代表。雖然有些菜在今日已被些微的調整，但在這八道菜中還是可以看出傳統客家民族的生活寫照。

「炆」

「炆」指的就是慢火燉煮，經由長時間文火而不滾的烹調手法，使食材達到入味熟透，這樣的烹煮技巧可以讓食材保持軟嫩的口感，也可以有效鎖住營養。

傳統的客家廚房都以大灶燒材做飯，一次就是煮上一大鍋，因應繁忙的農務和人口眾多的家族。用大鍋灶做菜，要先用大量的木材將鍋底燒熱，讓鍋內的食物大滾後，控制炭火溫度，保持著微溫的狀態，菜餚因此鹹香入味、特別好下飯。

「炒」

『炒』就是指大火熱油快炒，「四炒」是最能顯示客家人勤儉持家的四道家常菜。為了不浪費所有食材，宰殺牲畜後的內臟也能入菜。快炒類的菜色通常都是重油重鹹，早期是為了增進食慾、補充營養，現在也因應健康潮流加以變化。

菜頭炆排骨

coi teuˇ vun paiˇ gudˋ

材料

排骨	600g
白蘿蔔	1條
芹菜	1株
香菜	1株

調味料

白胡椒粉
鹽   ｝適量

這道湯品是客家精神的最佳傳承，在客式料理中占有一定的地位

可說是客家菜的入門菜色，湯頭鮮甜好喝、營養價值高，廣受各年齡層的喜愛

做法十分簡易，即使是不擅廚藝的新手，也可以煮出大師級的美味

作法

1　白蘿蔔洗淨後去皮切大塊；芹菜切末備用。

2　排骨汆燙後撈起，沖水除去雜質。

3　取一湯鍋，放入白蘿蔔與排骨，加水或肥湯蓋過食材，大火煮滾後，轉小火煮約 40 分鐘。

4　加入白胡椒粉、鹽調味，起鍋前放入芹菜末即可。

鹹菜 炆豬肚

ham˘ coi vun zu´ du`

材料

豬肚	1 顆
鹹菜	1/2 顆
老薑	1 大塊
蔥	2 支
肥湯	2000cc

＊肥湯作法參考 p.28

調味料

白胡椒粉	適量
鹽	
米酒	1 大匙

作法

1　鹹菜切小段；薑洗淨切片；1 支蔥切段備用。

2　煮一鍋水加入少許米酒、蔥 1 支、薑 2 片，滾後加入豬肚汆燙 10 分鐘取出。

3　將肥湯與汆燙好豬肚一併放入湯鍋中，煮約 30 分鐘後，將豬肚取出切片備用。

4　將作法 3 的肥湯放入鹹菜、薑片炆煮 15 分鐘。

5　將切好的豬肚放入，加入鹽、白胡椒粉調味，起鍋前加入蔥段即可。

Cindy's Yummy Tips

△ 豬肚買回來後要用鹽、麵粉充分搓揉清洗三遍，可去除腥味。

△ 豬肚若先切再煮會縮小影響口感，請煮熟後再切適口大小回鍋略煮即可。

炆爌肉

vun kong ngiug `

材料

三層肉	600g
蔥	1 支
蒜頭	3 瓣

調味料

米酒	適量
冰糖	1 匙
醬油	100cc
水	1000cc

食譜示範：花蓮　林媽媽

作法

1　三層肉切塊狀；蔥切段；蒜頭洗淨去皮。

2　熱鍋下油爆香蒜頭，續放三層肉塊拌炒，燜一下，加入醬油煮至上色。

3　依序加入冰糖、米酒、蔥段、水，小火加蓋悶煮。

4　煮至肉熟透，可再依照個人喜好味道做調整。

炆爌肉

vun kong ngiug`

小時候家中最常出現的一道菜，就是這道加料版的客家爌肉
當時媽媽開理髮店，爸爸在外上班，無法餐餐為我們做飯
媽媽常滷上一鍋爌肉，就能讓全家吃上好幾天
雞蛋和肉擁有豐富的蛋白質，加上素輪增加了不同的口感與麵香
我光是爌肉肉汁拌飯，就能多添好幾碗飯！
炆爌肉是一道百吃不厭的料理，也是令人懷念的媽媽菜

材料

五花肉	600g
雞蛋	6 顆
素輪	70g
八角	2 顆
蒜苗	1 支
小辣椒	1 支

調味料

醬油	60g
米酒	600cc
冰糖	1 大匙

作法

1　五花肉切大塊狀；蒜苗切段；薑切片；辣椒洗淨去蒂。

2　準備　湯鍋，放入雞蛋煮成水煮蛋，剝殼；素輪汆燙至軟化擠乾水份備用。

3　熱鍋下油，放入蒜苗段、薑片、冰糖，炒出糖色再加入肉塊，煎至表面呈金黃色。

4　加入米酒、醬油及所有材料大火煮滾，轉小火加蓋煮 1 小時，起鍋前確認爛肉與所有食材都已入味。

Cindy's Yummy Tips

△ 煮蛋時要冷水下鍋，加一匙鹽，用冷水煮加鹽可避免雞蛋在水中破裂。

肥湯
炆筍乾

pi˘ tong´ vun sun` gon´

材料

福菜	1 小把
筍乾	1 斤
剝皮辣椒	2 支
蒜頭	5 瓣
肥湯	適量

＊肥湯作法參考 p.28

Yummy Tips

Δ 筍乾汆燙過程中可換水去除酸味。

食譜示範：龍潭　江媽媽

剝皮辣椒教學

辣椒夫蒂頭洗淨，曬乾後裝罐，倒入米酒至蓋過辣椒
如此程序就可以保存很久，炒菜時放入一根可增添菜色風味哦！

作法

1　剝皮辣椒切斜段；蒜頭拍碎；瓶中取出福菜，撕小條洗淨雜質，
　　福菜梗切斷，福菜葉切碎備用。

2　筍乾洗淨後在水龍頭下用小量的流動水浸泡約 8～10 小時 (走水)。

3　取一湯鍋倒入筍乾加水汆燙，水開後即可撈起瀝乾備用。

4　熱鍋下油爆香蒜頭，放入剝皮辣椒拌炒，再放入福菜、肥湯、
　　筍乾，中火滾 10 分鐘即完成。

客家小炒

hag ` ga ´ cau ngiug `

材料

乾魷魚	1/2 尾
去皮五花肉	300g
豆乾	4 片
蔥	3 支
芹菜	2 株
蒜頭	2 瓣
大辣椒	1 支

調味料

白胡椒粉	適量
鹽	
醬油	各 1 大匙
米酒	

作法

1　乾魷魚泡水去膜切條狀；去皮五花肉切條；豆乾切片；芹菜、蔥切段；大辣椒切片備用。

2　熱鍋下油放入五花肉條爆炒至金黃色撈起，利用五花肉煸出的油續放魷魚炒香撈起。

3　同一鍋放入豆乾煸炒至金黃色，再將肉絲、魷魚放回鍋中一起拌炒。

4　加入醬油、米酒、白胡椒粉充分拌炒後，最後加入蒜頭、芹菜、蔥、辣椒快炒即可。

Cindy's Yummy Tips

Δ　乾魷魚的身體切法要先由中線切成兩半，再橫切成條狀，如此切法能使魷魚在加熱過程中不會蜷曲，使菜色看起來更加可口。

Δ　客家小炒好吃的秘訣是要將主食材分開拌炒（五花肉、乾魷魚、豆乾），才能將每一種食材的香味充分表現出來。

薑絲炒大腸

giong˘ xi´ cau tai cong`

材料

豬大腸	450g
鹹菜心	50g
嫩薑	150g
蒜頭	3 瓣

調味料

黃豆醬		各 2 大匙
白醋		
白胡椒粉		適量
糖		
鹽		
米酒		
太白粉水		少許
檸檬汁		

作法

1 準備一鍋水，加米酒、蔥、薑，放入大腸煮約 20 分鐘，取出後切成一口大小備用。

2 鹹菜心、嫩薑切絲；辣椒、蒜頭切片。

3 取一炒鍋下油爆香蒜片，續放鹹菜絲，略炒後加入黃豆醬拌炒均勻。

4 放入大腸、薑絲、糖、鹽、醋、白胡椒粉、米酒略炒，最後用太白粉加水勾薄芡，起鍋前淋上檸檬汁即可。

Cindy's Yummy Tips

△ 豬大腸買回來後要用鹽、麵粉充分搓揉清洗三遍，可去除腥味。

△ 嫩薑用切的切成絲，口感較好。

鳳梨木耳炒肉

vongˇ liˇ mug ni cau ngiug`

材料

雞肉	150g
鳳梨	1/4 顆
木耳	2 片
薑	1 塊
蔥	2 支

醃料

米酒	
醬油	少許
太白粉	

調味料

鹽	適量
糖	

作法

1　木耳洗淨切片、過水汆燙；鳳梨切片；蔥切段；薑切絲；雞肉切片備用。

2　將雞肉片用醃料抓醃 10 分鐘。

3　熱鍋下油，放入雞肉片快炒，續放鳳梨、木耳、薑絲，加入些許水燜煮。

4　最後加入調味料拌炒，放入蔥段，轉小火燜一下試吃味道即可。

苗栗 謝媽媽 — 謝月英女士

堅強的芭比人生

　　謝媽媽是我的好姐妹小玲姐的媽媽，第一次到他家吃飯，也是我第一次吃到「鳳梨木耳炒豬肺」這道客家傳統菜。當時對這道菜印象深刻，一直念念不忘！

　　這次想邀請她在書中介紹這道菜。貼心的謝媽媽問我：「現代的人都注重養生，比較不吃內臟，豬肺也較難處理，我想推薦大家把豬肺改成雞肉好嗎？」我一口就答應她。因為從這個舉動就看到了客家媽媽貼心、溫暖、喜歡照顧人的特質。

　　越認識謝媽媽越佩服她！小時候的她家境清寒、衣單食薄，對於吃的東西，只要稍有鹹味就覺得很美味。小學畢業後開始當保姆貼補家計也當過廚工，18歲媒妁之言嫁給大自己30歲的外省丈夫，婚後的她生了三個孩子。從家庭代工、到工廠主管、再到自己開工廠，負責製作芭比娃娃，她一人包辦廠內大小事務。家庭、事業一肩扛起。外型嬌柔的她，內在卻有無比強大的力量。不向命運低頭，不服輸的個性，讓她開創了屬於自己的人生。

　　如今退休的她早已揮別三旬九食，擁有屬於自己的新生活，看著眼前這位在年輕時吃足苦頭的堅毅婦人，我打從心底地敬佩，客家妹的堅忍，寫實地展現在她的一生。

韭菜
炒鴨血

kuai coi cau ab ` hied

材料

鴨血	1 塊
韭菜	150g
鹹菜	30g
蒜頭	3 瓣
辣椒	1 支
蔥	1 支
肥湯	2 大匙

＊肥湯作法參考 p.28

調味料

白胡椒粉	
糖	
鹽	適量
太白粉水	
米酒	1 匙

作法

1 韭菜、蔥切段；辣椒、蒜頭切片；鹹菜切絲；鴨血切薄片備用。

2 取一湯鍋，放入些許鹽，水滾後放入鴨血，立即關火，靜置約 5 分鐘，撈起備用。

3 熱鍋下油爆香蒜片、辣椒片、蔥段，續放鴨血、鹹菜、肥湯、調味料，以小火煨煮 5 分至入味。

4 起鍋前放入韭菜段，些許米酒提味，勾上薄芡即可。

Cindy's Yummy Tips

△ 讓鴨血過鹽水，可以去除鴨血本身的腥味；鴨血本身沒味道，也可以使鴨血更入味。

△ 辣椒可依個人喜好選擇是否要放不放。

來自烈日的蛻變

「醃漬」

一把鹽巴配上大自然給予的燦爛朝陽，經過時間的淬煉，客家人就能把過剩的食材變換成風味迴異的新滋味！

「醃漬」的技法多樣，客家的醃漬不外乎就是將食材用鹽、糖、醋等調味料浸泡，除去水分後能使食物的保存時間拉長。 在還沒發展出電及冰箱的時代，它是食品保存的最佳方式之一。然而、以現代角度思考，如何吃得健康又能維護地球生態，是當今的課題。珍惜大地資源，回歸傳統，我們可以重拾老祖先的智慧，學習手作漬物，醃漬物經過發酵產生乳酸菌，對健康有很大的幫助！也解決全球食物過剩的問題。這次在書中，我除了跟大家分享如何利用客家的醃漬食材做出客家味料理，也特別教大家簡單又好吃的醃漬法，讓讀者們零失敗的做出天然的「味自慢」。

54

《芥菜》

芥菜俗稱的刈菜、長年菜，富含胡蘿蔔素，有驅除毒素和通血管等功效
每年的 12 月至隔年的 1 月為盛產期，這種烹調後略帶苦味的蔬菜
有著長壽與吉利的意涵，年節時期絕對是餐桌上不可或缺的要角
芥菜經由不同階段的乾燥、發酵，可變換成鹹菜、福菜、梅干菜三種醃漬品

「鹹菜」

「鹹菜」也稱作酸菜，是將芥菜曝曬一至兩天軟化後，加入粗鹽巴、層層堆疊
再以重物壓至出水，待顏色變為黃綠色時則完成

「福菜」

「福菜」又叫覆菜，是將醃好的鹹菜取出
撕成長條狀，重新曝曬、再塞入瓶中緊密壓實，密封瓶口後倒放約半年
直到菜梗顏色呈咖啡色時就差不多了

「梅干菜」

至於「梅干菜」，是將鹹菜曝曬至完全沒有水份，再捲成圓球狀
直到色澤呈現深褐色；梅干菜的保存期可達數年
在客家人的觀念中，梅干菜是越陳越香、越陳越有滋味

以「芥菜」比喻人生

鮮採摘下的芥子

前些日子，我接受廣播電台的專訪，當時以「芥菜」來比喻我的人生，年輕時的自己像新鮮採摘下的芥子，青綠好看、純善而天真，有時會沒來由地不好意思、有時會困窘在自縛的繭裡，難以突破。

芥菜微苦微澀的口感

芥菜微苦微澀的口感，一如 20 歲年輕時的我，滿懷理想抱負，做事有原則卻沒方法，時常找不到內在的平衡點。苦澀的芥菜需要清水川燙過或是用有油脂的高湯一起煮，可降低苦澀味。 當時的我也是如此，需要身邊有人幫我拿主意，要別人定義我的價值。青春看似美好，內心的徬徨無主見像芥菜那般苦澀。

酸菜，微微的酸味兒

新鮮芥菜經過鹽巴的搓揉、重石的擠壓，堅挺的姿態不見了！微微的酸味兒，是一段段空洞的、陰鬱的、徬徨的遭遇所帶來磨難，30 幾歲那些年的挫折和鉅變就像鹽巴，灑在我赤裸的傷瘡上，疼痛、但也逼著自己重生，我用意志力重置了靈魂，像是接受過大石重壓的酸菜，超越往昔的青澀，取而代之的是更有層次的風味。

性味回甘的福菜

酸菜經過烈日的曝曬，將水份曬至半乾後，塞入瓶中放置半年，此時酸味不見了，成了性味回甘的福菜，經過沉澱，40 歲一頭埋進料理世界的我，在迥然不同的領域裡，找到專屬於自己的無限可能。經過歲月的歷練和沉潛，原是剛強、多稜角的性格，漸漸變得柔軟，原則性變少、包容力變得更大。我把演藝與料理巧妙撞擊，那些美好的火花，亦好比福菜在自然發酵後的醇味甘甜。

幫襯他人的配角梅干菜

經過時間的沉澱，福菜在華麗轉身後變身成梅干菜，外表變得暗沉失去顏色，但風味更加溫潤、香甜回甘。大家最熟悉的就是梅干扣肉，它無法成為主菜，但卻可以幫襯五花肉，成為一道經典名菜。我期待自己 50 歲以後也可以向梅干菜，欣然接受自己不在年輕貌美，享受歲月風霜帶來的滋養，心境更豁達，身段更柔軟，懂得欣賞別人。我可以不當主角，但我也要當最傑出的配角。

回顧過往，人生的起伏歷歷在目，可喜的是，此刻我呼吸的每一口空氣都感覺新鮮、遇到的每個人都覺得可愛，我知道開放的心境讓一切變得不設限，豁達的視野讓事事是好事。我的芥菜人生有滋有味！

這是我家常備的宵夜良伴，用來拌麵、配飯，或是夾饅頭都很合適

料理後放在冰箱中，可以保存約一個星期

非常推薦給家中有升學子女或是先生時常加班的媽媽們

只要炒上一鍋，隨時都能簡單上菜，不怕家人晚上肚子餓

它其實也很適合悶熱的夏季，在濕氣重的夏天，許多人苦於沒有胃口

利用回甘的鹹菜佐以蒜香，加上微辣的口感

絕對能刺激味蕾、讓人恢復食慾

鹹菜炒肉

ham˘ coi cau ngiug﹀

材料

鹹菜	1/2 株
豬肉	300g
蒜頭	5 瓣
辣椒	2 支

調味料

糖	2 大匙
醬油	1 匙

作法

1　豬肉、鹹菜、蒜頭、辣椒切丁備用。

2　熱鍋下油，將豬肉丁炒成金黃色，加入蒜頭炒香。

3　加入鹹菜、辣椒略炒後，以醬油、糖調味至收汁即可。

鹹菜肉片湯

ham˘ coi zu ngiug ˋtong´

材料

鹹菜	300g
三層肉	300g
水	1000cc
鹽	適量

食譜示範：花蓮　林媽媽

作法

1　鹹菜切小段，三層肉切薄片備用。

2　備一鍋水，鹹菜放入煮約 10 分鐘。

3　三層肉氽燙後，要用水洗過，再加入鹹菜湯煮約 15 分鐘。

4　最後加鹽巴調味即可。

鹹菜炒算盤子

ham˘ coi cau son´ pan˘ zii

材料

芋頭	300g
木薯粉	50g
糯米	100g
水	適量
鹽	

＊粄粹作法參考 p.150

炒料

鹹菜	2 片
肉絲	100g
蝦米	1 大匙
蒜頭	2 瓣

調味料

白胡椒粉	適量
香蔥油	1 匙

作法

1　芋頭削皮切薄片，放入蒸鍋蒸到軟爛。

2　準備一個碗，放入粄粹與木薯粉，再將剛剛蒸熟的芋頭倒入，趁熱攪拌，若太乾可加少許水，再加點鹽調味。

3　雙手沾些許沙拉油，取出芋頭米糰，先搓成條狀，再分成小塊，取一小塊米糰搓圓，稍微壓扁，並在糰中央壓出凹洞。

4　備水鍋，將算盤子煮熟浮起後撈出即可。

5　將鹹菜切小段；蒜頭去皮切片；蝦米泡水；肉絲用些許醬油醃 15 分鐘備用。

6　熱鍋下油爆香蒜頭、蝦米，再加入肉絲炒香。

7　加入鹹菜、算盤子、香蔥油拌炒，最後白胡椒粉調味即可。

Cindy's Yummy Tips

∆ 粄粹要先搓成細塊，再加入木薯粉及芋頭揉至成糰。

∆ 算盤子也可乾煎沾蒜蓉醬食用，別具風味。

福菜
黃瓜鑲肉

pug ` coi am ˘ gua ´ xiong ` ngiug `

材料

福菜	30g
大黃瓜	1 條
絞肉	250g
薑	10g
蒜頭	3 瓣

調味料

醬油	1 大匙
白胡椒粉	
糖	
米酒	各 1 小匙
太白粉	
香油	1/2 小匙

作法

1 福菜洗淨泡水切碎；薑、蒜頭磨成泥。

2 將所有切碎的食材與絞肉拌勻，再加入調味料拌勻。

3 大黃瓜去皮切圓塊約 3 公分寬，再將中心的籽挖掉，把肉鑲進去黃瓜裡，進蒸籠蒸 15 分鐘即可。

Cindy's Yummy Tips

Δ 絞肉的比例建議為，肥肉：瘦肉＝ 3：7。

Δ 拌勻食材時一定要同方向攪拌，隨意方向亂攪，會容易不成糰。

梅干扣肉

ham ˇ coi gon ´ kieu ngiug `

材料

五花肉	300g
梅干菜	1卷
蔥	1支
蒜頭	2瓣
辣椒	1支
香菜	1株
八角	1顆
薑	2片

醃料

醬油	3大匙
米酒	各1大匙
冰糖	

作法

1　整塊三層肉放滾水中煮約 20 分鐘撈起，放入醃料中抓醃 10 分鐘；整塊下鍋煎至表皮金黃色切片，在放回醃料中拌勻上色。

2　梅干菜洗淨，濾乾水分切段；青蔥切段；蒜頭、辣椒、薑切片備用。

3　熱鍋下油加入梅干菜炒乾，再加入蔥、薑、蒜、辣椒爆香，續放所有調味料以中火煮約 10 分鐘。

4　取一容器將三層肉鋪底，中間放入煮好的梅干菜餡料蒸約 1 小時。

5　取出後倒扣，再將香菜放上裝飾即可。

Cindy's Yummy Tips

Δ 梅干菜風乾時會有砂石黏附，要仔細洗淨且擰乾水分。

Δ 煎三層肉時容易噴油，建議要蓋上鍋蓋以免油爆。

梅干
肉燥飯

ham˘ coi gon´ kung ngiug ` fan

材料

梅干菜	1 卷
絞肉	400g
蒜頭	3 瓣

調味料

糖	
醬油	
白胡椒粉	適量
米酒	

作法

1　梅干菜泡水約 1 小時，洗淨捏乾水分，切碎；蒜頭切碎。

2　熱鍋下油放入絞肉，炒至變色，再加入蒜末、梅干菜拌炒均勻。

3　加入糖、醬油、白胡椒粉、米酒調味，再加水蓋過食材，煮滾後小火慢燉，煮出膠質呈濃稠狀即可。

這其實就是客家版的滷肉飯

在電鍋裡煨上一段時間，讓梅干菜自然的鹹香浸濡在肉汁裡

毫無違和感的兩種食材，燉煮後成為絕妙組合；湯汁可以淋在飯上，好滋味讓人食指大動

為了應付粗重的工作，有鹹有香、好下飯的滷汁絕對是客家庄裡必備的家常菜

但若能學會這道料理，也算是把客家族群勤奮樸質的精神傳承下去

〈蘿蔔〉

蘿蔔俗稱的菜頭、大根,盛產於 11 ～ 12 月份。屬性較涼,有解熱、解毒的功效。

「菜脯」

蘿蔔乾就是大家常聽到的「菜脯」,冬天盛產的蘿蔔,經過鹽巴醃漬、脫水、風乾等步驟,製成耐放又富有獨特香氣的乾貨,存放年份的不同會影響呈色和風味,許多客家庄都有保存數十年、已經呈現烏黑色的老菜脯,陳的越久越香醇、也越珍貴。

乾燥蘿蔔絲在製程上與蘿蔔乾相同,但必須先將蘿蔔刨成細絲,稍微費工一些。它的顏色偏淡黃色,煎雞蛋或是做客家菜包時都派得上用場。

孩提時代,美好記憶的牽連

蘿蔔和蘿蔔田都是我美好記憶的牽連,孩提時代、奶奶會在冬天裡蒸蘿蔔糕,囪煙裊裊的畫面和滿滿的糕香,每每迴旋在夢境,有時大夢初醒,我還依稀能嗅到那濃郁的味道。

年節前夕是蘿蔔盛產旺季,我總與玩伴在田裡撿拾形貌不佳的醜蘿蔔,然後挖空蘿蔔心、並在外層變換花樣,做成燈籠,調皮的我們會偷一點兒祠堂裡的燈油,點亮油燈的小燈籠特別好看。

我的童年就是這些田野間、四合院裡,用自然的作物與童心的創意,堆疊出數不盡的快樂,現在的孩子們無法體會那個時代純樸的歡愉,實在很可惜。

菜脯蛋

coi ´ pu lon `

材料

菜脯	50g
雞蛋	4 顆
蔥	1 支

作法

1 雞蛋打散；菜脯泡水切小丁；蔥切蔥花備用。

2 菜圃丁以乾鍋炒乾水分，再與蛋液、蔥花混合拌勻。

3 熱鍋下油，待油燒熱，再將蛋液倒入鍋中，用中火煎。

4 待一邊已凝固，翻面，再用中火煎至兩面呈金黃色，即可。

蘿蔔絲煎蛋

lo ˇ ped sii ´ jien lon ˋ

材料

乾蘿蔔絲	20g
雞蛋	3 顆
蔥	1 支

調味料

白胡椒粉	適量
鹽	

作法

1　先將蘿蔔絲洗淨泡軟，瀝乾；雞蛋打散；蔥切蔥花備用。

2　將蛋液、蘿蔔絲、蔥花混合攪拌，加入鹽、白胡椒粉調味。

3　熱鍋下油，待油燒熱，再將蛋液倒入鍋中，用中火煎。

4　待一面已凝固，翻面，再用中火煎至兩面呈金黃色，即可。

白蘿蔔含許多營養，可幫助腸胃消化、提高免疫功能、防止老化等功效

而三代同堂分別是由【新鮮蘿蔔】、【蘿蔔乾】和【黑金蘿蔔】

三種不同年代的蘿蔔一起熬煮

老蘿蔔雞湯有著新鮮蘿蔔的鮮甜，蘿蔔乾的香脆，以及黑金蘿蔔的回甘軟嫩

不需其他調味，就能喝到三種不同層次蘿蔔的風味，享受著這鄉土濃情的滋味

老蘿蔔雞湯

lo coiˊ pu gieˊ tongˊ

材料

新鮮蘿蔔	300g
蘿蔔乾（1年）	35g
老蘿蔔乾（30年）	35g
土雞	½隻
老薑	40g
蛤蜊	10 顆

調味料

米酒	1 大匙
鹽	適量

作法

1　雞剁塊；薑切片；新鮮蘿蔔去皮切塊；蛤蜊泡水吐沙備用。

2　備一鍋熱水，汆燙雞肉。

3　取一湯鍋，將汆燙好的雞肉、薑片、水、三種蘿蔔一起放入鍋中大火煮滾，蓋上鍋蓋，轉小火，大約煮 40 分鐘。

4　開蓋加米酒，最後將蛤蜊放入，蓋鍋蓋煮至蛤蜊打開，依個人喜好加鹽調味。

〈長豆〉

長豆也叫豇豆、菜豆，長長的外貌意味著長命百歲，是古時端午必吃的食物之一

吃長豆有助於排除體內濕氣、也有利水消炎的功效。新鮮長豆多用來煮粥，如遇盛產，還可以將它曬乾成長豆乾，搭配熬煮排骨湯時，湯頭會特別濃郁。長豆乾的做法不難，汆燙後放在太陽下曝曬兩至三天，再放入瓶罐中保存就可以。

　我特別喜歡吃長豆粥，這也許是思親的牽連。母親煮的長豆稀飯無人能比，我總在思念湧起時熬煮一碗鹹粥，用這溫熱療癒我對她的懷念。

長豆乾
排骨湯

teu gon´ pai˘ gudˋ tong´

豇豆又稱長豆或菜豆，每到生產期只要自家菜園有種

就會看見客家媽媽勤快的將它曬成乾

儲備一整年都吃得到長豆乾料理

長豆乾煮雞或排骨湯，口感滋潤，氣味香純甘甜

是一道美味的傳統客家菜

材料

長豆乾	50g
排骨	600g
老薑	3 片
香菜	1 株
蒜頭	6 瓣

調味料

米酒	1 大匙
水	1200cc
鹽	1 小匙
白胡椒粉	適量

作法

1　薑切片；蒜頭洗淨去皮切片；長豆乾泡水；排骨洗淨汆燙備用。

2　取一湯鍋加入水、排骨、長豆乾、薑片、蒜頭、米酒大火煮滾。

3　最後加入鹽巴、白胡椒粉調味，起鍋前放入香菜即可。

長豆乾 ｜ 雞肉 ｜ 古早味

長豆乾雞湯

teu gon ′ gie ′ tong ′

材料

長豆乾	50g
雞肉	600g

調味料

鹽	1 小匙
白胡椒粉	適量

Yummy Tips

Δ 長豆乾泡水不要泡太久，免得長豆乾的風味流失

食譜示範：花蓮 林媽媽

作法

1　長豆乾（可泡水也可不泡）洗淨；雞肉切塊氽燙備用。

2　備一鍋水，放入長豆乾、雞肉一起煮。

3　煮熟後，加鹽巴、白胡椒粉調味即可。

長豆
肉粥

cong´ teu moi˘

材料			調味料	
新鮮長豆	5 條		鹽	適量
米	1 杯		白胡椒粉	
水	8 杯		香蔥油	1 匙
絞肉	100g			
香菇	3 朵			

若在食材中增添些許蝦米，長豆肉粥就成了豪華版的鹹粥

新鮮的長豆有一種特殊的香氣，煮進粥裡特別好吃

要是將米以外的材料先行炒過再煮，味道會較為濃郁

這道粥品在一日三餐、外加宵夜時段都可以端上桌

營養價值高、做法簡易、好吃又不膩口

只要把握添加白胡椒粉和香蔥油的秘訣，要做出地道的客家粥，真是一點也不難

作法

1　米洗淨後加 8 杯水浸泡 20 分鐘；長豆洗淨切段；香菇泡水 1 切 3 備用。

2　下鍋將米連同水煮滾，煮滾以前要慢慢攪拌，免得讓米黏在鍋底。

3　放入香菇、絞肉一起煮，煮滾後轉小火熬 20 分鐘，續放長豆煮熟。

4　再放入調味料攪拌均勻，起鍋前淋上 1 匙香蔥油，煮好粥時需關火靜置 10 分鐘讓粥稠化，風味更佳。

鹹豬肉

ham˘ zu´ ngiug`

材料

五花肉	500g
高粱酒	3 大匙
蒜頭	2 瓣
花椒粉	各 1 大匙
黑胡椒粉	
小茴香粉	各 1 匙
八角粉	
蒜苗	1 支

調味料

鹽	2 大匙
糖	1 大匙

沾醬

醋	適量
蒜頭	

作法

1　鹽抹在五花肉表面，滴出些水分後擦乾。

2　蒜頭切碎，混合花椒粉、黑胡椒粉、小茴香粉、八角粉、糖、高粱酒，抹在五花肉表面，再以叉子叉在肉表面。

3　用塑膠袋包住後，放在冷藏 3～5 天醃漬。

4　放入蒸籠蒸 30 分鐘，再放入預熱 180°C 的烤箱烤約 10 分鐘。

5　烤完切片擺盤，點綴蒜苗佐沾醬食用。

Cindy's Yummy Tips

Δ 鹹豬肉烤熟後也可切片與蒜苗下鍋同炒食用。

鹹魚肉餅

ham ˇ ng ˇ ngiug ` biang

鹹魚│紅蔥頭│古早味

材料

鹹魚（鯖魚）	半隻
絞肉	400g
紅蔥頭	3 瓣
香菜	1 株
木薯粉	2 大匙

作法

1　鹹魚跟紅蔥頭剁碎；香菜取葉子部份，擺飾用。

2　將鹹魚、絞肉、木薯粉、紅蔥頭全部攪拌一起，摔至有黏性。

3　取適當大小搓圓，壓扁成圓扁狀。

4　取一平底鍋，開中火放適量的油，將肉餅下鍋兩面煎至酥脆即可盛盤。

食譜示範：高雄 邱媽媽

這是一道南部傳統的客家菜

可以用油煎也可以放電鍋裡蒸，邱媽媽用煎的，第一
次吃到感覺很驚艷！

外型看似美式的漢堡肉，一口咬下去，外層香脆，裡
頭肉香十足！

鹹魚肉餅用途很廣，煎成一塊塊的

除了當正餐，小孩放學後可當點心

或早上夾饅頭或吐司當早餐

是一道實用的家常菜！

Yummy Tips

Δ 絞肉中的肥瘦肉比例為，肥肉：瘦肉＝ 3：7 較佳。

封存時間的淬煉

「醬缸」

客家的醬缸文化是老祖先儲存食物的智慧。利用日曬、發酵來拉長食物的賞味期，也增加
了食物的風味。將食材依照屬性加入鹽、糖、酒、醬油、辛香料調味，讓食材在缸內經過
不同時間的發酵，完成後即成美味的醬菜料埋！醃脆瓜、醃嫩薑、豆腐乳、鹹鴨蛋是早餐
吃稀飯最佳的配菜！還有許多醬料例如紅糟、破布子、豆豉、醬冬瓜、醬鳳梨、黃豆醬、
桔醬 … 等等，都廣泛的運用在料理的調味上。例如常見的破布子炒水蓮、鳳梨苦瓜雞湯、
腐乳燒雞、豆豉蒸排骨，紅糟鴨，道道都是美味料理。醬缸的滋味是客家飲食文化的特色，
許多醃漬、醬缸食材在傳統市場，甚至有些超市都買得到，只要掌握這些醬缸食材的味道
及特性，你也可以玩出屬於你自己的醬缸美食。

醬 桔
骨 排

gid ` jiong pai ˇ gud `

材料

子排	600g
桔醬	2 大匙

醃料

糖	1 小匙
米酒	1 大匙
白胡椒粉	少許
鹽	1/8 小匙
木薯粉	2 大匙
醬油	1 匙
桔醬	1 大匙

醬汁

桔醬	2 大匙
糖	4 大匙
檸檬汁	1 大匙

裝飾

白芝麻	1 匙
香吉士	2 顆

作法

1 將醃料加入子排中抓醃約 30 分鐘，拌入木薯粉備用。

2 熱油鍋，將子排炸熟，撈出瀝油。

3 另起一炒鍋，倒入醬汁材料炒勻，再加入炸好的子排翻炒均勻，收汁盛盤。

4 盛盤後，將香吉士切片作盤飾，撒上白芝麻即完成。

炒雞酒

cau gie ˊ jiu

材料

雞腿	2 隻
老薑	1 塊
黑麻油	2 大匙
米酒	2 瓶

作法

1　雞腿切塊；薑切片備用。

2　冷鍋放入黑麻油，放入薑片煸至起毛，再放入雞肉炒至外表略熟。

3　再倒入米酒，加蓋燜煮 40 分鐘，完成。

Cindy's Yummy Tips

△ 喜歡酒味的可在起鍋前添加米酒增加風味。

△ 此料理不需加鹽巴，會產生苦味。

麴紅
酒雞

zoˊ maˇ gieˊ jiu

材料

土雞	半隻
老薑	1 塊
麻油	1 大匙
米酒	1 瓶
紅麴	1 大匙
麵線	1 包

Cindy's Yummy Tips

Δ 喜歡酒味的可在起鍋前添加米酒增加風味。

Δ 此料理不需加鹽巴，會產生苦味。

作法

1 薑切片；冷鍋放入黑麻油，放入薑片煸至起毛，放入雞肉炒至外表略熟。

2 加入紅麴、半瓶米酒、1 碗水，煮約 40 分鐘。

3 再加入半瓶米酒，煮約 10 分鐘即可熄火。

4 另起一鍋水，水滾後放入麵線煮熟撈起，放入雞酒內即可。

紅糟鴨

zoˊ maˇ abˋ

材料

鴨肉	1 隻

紅糟材料

紅麴	200g
圓糯米	5 斤
米酒	5 瓶

紅糟作法

1　圓糯米洗淨，照一般煮飯的水量再少一些，浸泡 2 小時後，開始炊煮。

2　紅麴泡米酒約 3 小時備用。

3　圓糯米煮熟，攤開放涼冷卻，加入紅麴、米酒拌勻後，封膜發酵。

4　每隔 2 ～ 3 天攪拌一次，約 8 ～ 10 天便發酵完成。

作法

1　整隻鴨水煮熟放冷，1 切 4，倒入紅糟蓋過鴨肉，泡 3-4 天即可，泡 7 天更入味。

2　取出，切塊，擺盤完成。

大江屋 江媽媽 — 江劉玉蘭女士

傳承 28 代的好味道

江家早期自營工廠，江媽媽不但要煮員工餐，還要應付時不時來訪的客人，燒菜接待嘉賓漸漸成了重要的事情，「大江屋」由此而生，雖說是兒子的發想，想延續媽媽的手藝，但店內構思、菜色研發全源自當時的江媽媽。

從 8 張桌子開始，目前這間餐廳在龍潭已頗具規模，由江家第 28 代第 3 房的兄弟共同經營，許多饕客慕名而至、假日必定座無虛席。江家人一起經營餐館，團結而有向心力，還能在「保有傳統」與「創新」間找到完美的平衡點，真的很不容易。

我對客家大湯圓的好滋味始終難以忘懷，樸實的外表下藏有誘人的好餡料，江家人就像這湯圓一樣，緊緊地凝聚在一起，守護著幾世代流傳下來的，屬於媽媽的好味道。

Yummy Tips

Δ 米太硬就再加米酒，視狀況而定，發酵到像粥得程度即可。

Δ 製作紅糟時，若天氣熱（夏）大約發酵 10 天就熟成，天氣涼（冬）則大約半個月至 1 個月。

紫蘇嫩薑

guai ˋ xi ˊ nun giong ˊ

材料

材料	份量
嫩薑	2 斤
白醋 1	1 碗
鹽	60g
紫蘇	3～4 片
水	400cc
糖	200g
白醋 2	200cc

作法

1　把嫩薑表面較老的皮去掉，切大塊，並用白醋 1、鹽，泡兩天。

2　將泡好的嫩薑洗淨；紫蘇沖洗乾淨備用。

3　備鍋，將水、糖、白醋 2、紫蘇一起煮，煮到糖融化，放涼備用。

4　準備空瓶（需消毒），將嫩薑放進去，再倒入放涼的醃醬，加蓋醃 3 天即完成。

Cindy's Yummy Tips

Δ 空瓶消毒可用熱水川燙取出晾乾，或洗淨用烤箱烤乾水分即可。

豆腐乳

teu fu i ´

材料

豆腐	400g
米麴	200g
米酒	300g
糖	100g
辣椒醬	適量

作法

1　豆腐先燙過後切塊放冷；空瓶煮過消毒，擦乾。

2　將糖加入米酒裡混合，（若要做辣味，此時可加入打碎的辣椒泥）。

3　取空瓶，先將豆腐貼著瓶邊放一圈，切面要朝外，再放中間。

4　第一層放好後，加入米麴，將空隙補滿。

5　第二層再放豆腐，挑小塊一點，太高蓋子會蓋不下，要交錯貼著瓶邊放。

6　再放米麴補滿空隙，上面一層薄薄的米麴就好。

7　加入調好的糖米酒，約至 9 分滿。

8　蓋上蓋子標示日期，3 個月後才可食用。

花蓮 林媽媽 — 張春梅女士

會笑的豆腐乳

農村再生的計畫，改寫了林媽媽的一生。

她自己種黃豆、做豆腐，再延伸製作成豆腐乳。工序複雜的腐乳無法大量生產，水骨的控制是關鍵，容器的乾爽無油也很重要。我看著林媽媽仔細工作的身影，想像年輕時的她，一個大家族裡的媳婦，每天撿柴、種菜、犁田、販賣蔬果，農忙時期還得替插秧的男工準備點心，但她不以生活為苦、事事心懷感恩，「農家小孩煮什麼就吃什麼，很好養！」她用知足的口吻告訴我說。

她總是以盈盈笑臉來面對來來往往的客人，淳樸的性格讓她總是大方請遊客試吃豆腐乳，還舉辦手作體驗課程、推廣客家文化。我親身參與自製腐乳的活動，看著印有我的名字的小罐子，我心中滿是感謝，擺在一旁的老石磨說明了林媽媽的堅持、毅力和長情，她愛笑的眼睛至今還印在我的腦海裡，她的豆腐乳回甘好吃，就像她倒吃甘蔗的人生，越來越甜。

醃脆瓜

am˘ gua´ e`

材料

小黃瓜　　10 條

調味料

糯米醋　┐
醬油　　├　各 1 碗
2 號砂糖┘
米酒　　　　半碗
花椒　　　　少許
辣椒　　　　5 支

這道醃脆瓜源自客家族群惜物愛物的一貫風格

盛產時節，將新鮮的小黃瓜醃漬、保存，甜甜鹹鹹的口味，配粥或是配饅頭都很好吃

醃漬過程中，黃瓜會自然地回甘，天然的喉韻

絕對是含有人工添加物的罐頭醃瓜難以比擬的

只要三天的時間就能醃好一缸，很推薦給喜歡漬物、又願意自己動手做的朋友們

作法

1　小黃瓜洗淨切約 2 公分寬的圓狀備用。

2　將調味料一起入鍋，煮至沸騰關小火，將小黃瓜放入，以小火慢煮攪拌，讓醬汁均勻附著在小黃瓜上煮約 3 分鐘，立即撈起小黃瓜隔冰水冷卻。

3　第二次將鍋內的醬汁再一次燒開，沸騰轉小火，將冷卻的小黃瓜倒入，慢火煮 1 分鐘熄火後，連同醬汁隔冰水冷卻。

4　蓋上鍋蓋放冰箱冷藏二天，三天後即可取出裝入乾淨的玻璃罐（已消毒），放回冰箱保存。

Cindy's Yummy Tips

△ 整鍋小黃瓜與醬汁也可用密封袋裝，一起放入冰箱冷藏。

△ 冰鎮的動作可以增加醃脆瓜的脆度。

蔥爆
雙冬蒸魚

我在料理教室授課期間，

這道蒸魚非常受歡迎，連外國學員都十分讚賞

大火清蒸海魚，再融入客家元素醬冬瓜

結合特殊的料理技巧，是一項宴客時能驚豔全場的單品菜餚

客家菜至今仍屹立不搖的關鍵，在於守成與創新兼具

只要掌握客家精神的食材或調味品，即使不一樣的烹調法，一樣能保有風格、不失醇味

材料

鮮魚	1 條
薑	1 塊
蔥	1 支
冬菇	1 朵
大辣椒	1 支

調味料

醬冬瓜	1 塊
醬油	
米酒	各 2 匙
鹽	

淋油

食用油	1 大匙
香油	1 小匙

作法

1　冬菇切片；蔥、薑、辣椒切絲泡水；魚身雙面各斜切 2 刀，抹上鹽、米酒抓醃 10 分鐘。

2　將薑片鋪在盤子上，放上魚，將醬冬瓜充分的鋪在魚肚及身上，並放上香菇，大火蒸約 10 分鐘。

3　將醬油淋在蒸好的魚上，擺上蔥薑辣椒絲，燒一鍋熱油淋上即可。

Cindy's Yummy Tips

Δ 在盤中先鋪上薑片，可防止魚皮黏盤。

Δ 1 斤的魚，約大火蒸 10 分鐘。

Δ 蒸的時候，水要一次加足，不要中途開蓋加水影響口感。

Δ 蔥薑辣椒直切細絲泡冷水中，保持清脆捲曲。

破布子蒸豆腐

lan bu zii ziin´ teu fu

材料

破布子	1 塊
板豆腐	1 塊
香菇	1 朵
花椰菜	1 顆
紅蘿蔔	適量

調味料

香油	⎫
鹽	⎭ 適量

作法

1　破布子去籽；香菇泡水；花椰菜切小朵；紅蘿蔔切花備用。

2　將花椰菜與紅蘿蔔用熱水汆燙。

3　取一圓碗，在碗中抹油，鋪上保鮮膜，將香菇、紅蘿蔔擺飾。

4　破布子與豆腐混合絞碎，再加入適量鹽巴與香油調味。

5　放入蒸鍋蒸 15 分鐘，蒸熟後倒扣至盤中，裝飾花椰菜為盤飾即可。

客家
土鯽魚

hag ` ga ´ jid ` ng

材料

鯽魚	3 條
蒜頭	3 瓣
辣椒	1 支
蔥	2 支
薑	1 塊

調味料

黃豆醬	2 大匙
烏醋	1 匙
醬油	2 大匙
米酒	1 大匙

鯽魚屬河魚，不是隨時都能買到

我若是在傳統市場裡看到魚腹飽滿的活鯽魚，一定會趁新鮮買回

當天就端出這道可熱吃、也可冷吃的懷舊料理

黃豆醬的香氣是它的靈魂，只要選對了調味品，燒鯽魚也可以是不敗佳餚

魚腹內的魚卵是老饕的最愛，慢火精燉後的魚卵，完全吸附了醬汁和魚肉是全然不同的

我喜歡一次煨上好幾尾鯽魚，給自己各種不一樣的味蕾體驗

熱著吃、連湯汁都下飯，冷了再入口，味道會更加深沉

作法

1　鯽魚去鱗片、內臟；蔥切段；薑切片備用。

2　先將鯽魚煎至兩面上色，放入薑片跟蔥煸香後，加入所有調味料，再加入辣椒、蒜頭。

3　加水蓋過魚，大火煮滾後加蓋，小火燉煮約 1 小時即可。

Cindy's Yummy Tips

△ 每條鯽魚約 3 兩重。

△ 起鍋前收汁，風味更佳。

豆豉
小魚乾

teuˇ sii seuˇ ng gonˊ

這道小菜要是能做出心得，裝罐後銷售、肯定也能賣出好業績
豆豉是客家佐料的代表之一，它能夠延伸出的菜餚真的很多
以豆豉拌炒小魚乾，佐上蒜末和辣椒
就是一道帶有客家風格的下酒小菜
我習慣一次炒一大盤，放在冰箱裡可以保存近一個月
炎熱的夏天、小魚乾配上冰啤酒，再美味也不過如此了！

材料

小魚乾	300g
蒜頭	150g
辣椒	100g

調味料

醬油	
冰糖	各1匙
米酒	
豆豉	180g

作法

1　準備調理機，分別放入蒜頭、辣椒絞碎取出備用。

2　備鍋加油，冷油炸香蒜頭，再加辣椒，炸到兩者水分變少，即可放入小魚乾。

3　放入小魚乾炒熟後，再放入調味料拌炒至收汁香味出來即可。

Cindy's Yummy Tips

Δ 辣椒可依個人喜好調整。

Δ 一次可做大量分裝玻璃瓶冷藏保存。

Δ 增加油量減少食材中水分，可延長保存效果。

豆豉蒼蠅頭

teuˇ sii cau kuai coi faˊ

材料

韭菜花	270g
絞肉	150g
大辣椒	2 支
蔥	2 支
蒜頭	4 瓣

調味料

豆豉	2 大匙
白胡椒粉	適量
醬油	1 大匙
鹽	1/4 小匙
米酒	1 小匙

作法

1　韭菜花、辣椒、蔥切丁，蒜頭切末。

2　熱油鍋放入絞肉，炒至呈金黃色，加入豆豉、白胡椒粉，醬油調味。

3　再加入韭菜花、蔥、辣椒、蒜頭快炒；韭菜花不可炒太久，才能保持清脆爽口。

4　最後加點鹽，起鍋前熗一點米酒即可。

長豆炒肉

cong´ teu˘ cau ngiug`

材料

新鮮長豆	6 條
豆豉	2 匙
絞肉	150g
蒜頭	3 瓣
豆瓣醬	1 匙

食譜示範：苗栗　謝媽媽

作法

1　長豆切小丁；蒜頭切碎備用。

2　熱鍋將絞肉炒熟，續放蒜頭，炒至肉變金黃色。

3　再放豆豉、豆瓣醬下鍋炒香。

4　炒香後放入長豆，加些許水炒至長豆熟即可起鍋。

情 感 記 憶　美 味 家 常

「地瓜給人吃、地瓜葉養豬」

客家人與生俱來地有討生活的本領，種稻、種茶、種菜，還有飼養家禽和牲口，一切看似容易、卻蘊含著許多智慧。地瓜田是賴以為生的重要命脈，「地瓜給人吃、地瓜葉養豬」，這應該是多數客家家庭的生活寫照。

在我幼年的時候，奶奶每天在廚房裡處理餵豬的地瓜葉，然後用大鍋煮地瓜籤粥，那些畫面至今仍難以忘記，奶奶早已辭世，幸運的是、我漸漸從做料理的過程中找回關於她慈愛的點點滴滴，飯菜香成了奶奶和我之間的連結，我循著記憶中的嗅覺、味覺，甚至是觸覺，慢慢拼湊出專屬於奶奶的味道。

家常的味道

用刨成細絲的地瓜籤煮粥，好吃的程度遠勝以地瓜塊煮出來的稀飯，這是童年回憶教會我的秘訣，同樣是地瓜，手法不同、味道迴異，奶奶是我做料理的啟蒙師，我在書中大方分享客式菜餚的好吃訣竅，為的也是將她老人家的手藝好好傳承。

我的母親是職業婦女，偶爾她會滷上一大鍋肉，是足夠一大家子吃上好幾天的份量，先回家的人就自己盛飯、配著滷肉吃。我每次都是吃到膩、吃到不想吃！偏偏隔不了多久，我又會想念那肉汁拌飯的好味道，然後央求媽媽再滷一鍋。小時候不明白這其中的道理，其實最平實的做法、最家常的料理、才真正是百吃不膩的。

用生米煮粥是好吃的第一關鍵

而刨成細絲後的地瓜，能將甜味完全釋放，是美味的第二法則

實驗多次後才得出米和水的黃金比例，煮好的稀飯不能馬上裝盛，一定要靜置一段時間

入口即化的口感其實是來自於「時間」

等到緩緩鬆弛後的米粒完全與米湯結合，才是最佳的完食時刻

常聽父執輩提起餐餐吃地瓜粥是幼年貧困生活的記憶

他們成年後久久不願在吃地瓜粥

而今物資豐沛，地瓜這看似平凡的食材又再一次轉身，成為養生者的聖品

地瓜沒變，變了的是大家對飲食及健康的認識與講究

地瓜粥

fan ˊ su ˇ moi ˇ

材料

米	1杯
水	8杯
地瓜	300g

調味料

鹽	1/4小匙
食用油	1/2小匙

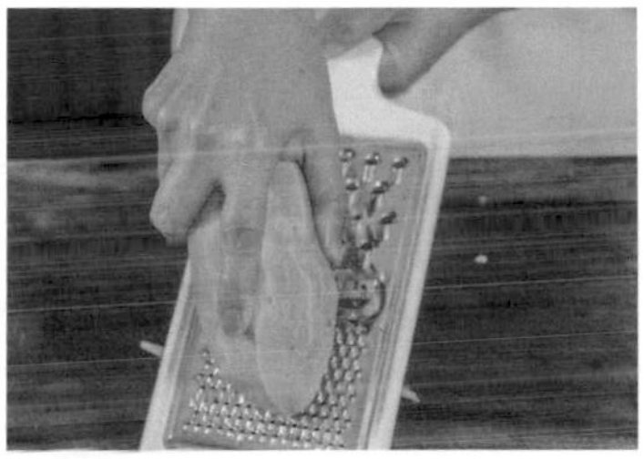

作法

1 米洗淨；地瓜刨絲備用。

2 備一湯鍋，放入米、地瓜、水，加入食用油、鹽。

3 煮滾以前要攪拌，避免讓米黏在鍋底，大火煮開後轉小火燉煮20分鐘。

4 最後熄火悶10分鐘即可。

塔香烘蛋

qid ˋ cen tab ˋ lon ˋ

材料

雞蛋	5 顆
九層塔	1 把

調味料

鹽	適量
白胡椒粉	少許

作法

1　雞蛋打散；九層塔切碎備用。

2　將雞蛋、九層塔、調味料攪拌均勻。

3　熱鍋下油，待油燒熱，再將蛋液倒入鍋中，用中火煎。

4　待一邊已凝固，翻面，再用中火煎至兩面呈金黃色，即可。

126

芹菜炒豆皮

kiun ˇ coi cau teu fu pi

材料

芹菜	7 株
豆皮	3 片
蒜頭	3 瓣
大辣椒	1 支

調味料

鹽	
白胡椒粉	少許
米酒	
香油	適量

作法

1　豆皮泡熱水約 15 分鐘，顏色轉白變軟後撈起切段。

2　芹菜去葉子俊切段；蒜頭、大辣椒切片備用。

3　熱鍋下油，爆香蒜頭，放入豆皮略炒，加鹽調味。

4　放入芹菜、辣椒、白胡椒粉、米酒快炒，起鍋前淋上香油即可。

客家鑲豆腐

teu fu xiong ` ngiug `

材料

絞肉	200g
油豆腐	12 個
福菜	1 片
乾香菇	2 朵
蔥	2 支
青江菜	6 株
薑	2 片

調味料

醬油	1 大匙
太白粉	1 小匙
白胡椒粉	適量

醬汁

醬油	1 大匙
水	1 杯
糖	各 1/4 匙
鹽	

作法

1　蔥 1 支切段，另 1 支與福菜切碎；香菇泡水切碎；油豆腐剪開挖出內部豆腐；青江菜洗淨汆燙，泡冷水備用。

2　絞肉加蔥、福菜、香菇及挖出的豆腐，再加調味料拌勻。

3　把絞肉餡塞入油豆腐中，肉餡表面沾少許太白粉。

4　熱鍋下油，把鑲肉那面放入鍋中煎香，再放入蔥段、薑片爆香。

5　加入醬汁材料，煮滾後加蓋小火燒約 15 分鐘，起鍋前略為收汁。

6　青江菜盤飾，盛入鑲豆腐即可。

Cindy's Yummy Tips

Δ 拍打絞肉，要同一方向攪拌才不易散開，也較能產生 Q 度。

Δ 鑲好的豆腐，沾上太白粉可使肉汁鎖住，也可使鑲肉不易散開。

花生豆腐

fan´ teu teu fu

材料

去殼花生	3/4 杯
水	4 杯
玉米粉	6 大匙
水	半杯
鹽	1/2 小匙
糖	1/2 小匙

作法

1　花生先泡水 4 小時，濾乾，加入 4 杯水打成花生漿，放入過濾袋將花生渣過濾掉。

2　半杯水加入玉米粉攪拌均勻。

3　花生漿放入鍋中不斷攪拌至煮開成稠狀後，倒入玉米粉水持續攪拌。

4　煮滾後，加鹽、糖調味，熄火，準備容器倒入，待涼後放入冰箱冷藏一天即可。

Cindy's Yummy Tips

Δ 煮花生漿時要不斷攪拌，避免鍋底燒焦。

竹筍炒肉絲

zug ` sun cau ngiug ` si ´

材料

竹筍	2 支
肉絲	100g
紅蘿蔔	少許
蔥	2 支
薑	20g
蒜頭	2 瓣
辣椒	1 支

醃料

醬油	
白胡椒粉	各 1/2 匙
太白粉	
米酒	1 匙

調味料

鹽	
白胡椒粉	適量

作法

1　肉絲依序加入醬油、米酒、白胡椒粉、太白粉抓醃備用。

2　竹筍、紅蘿蔔、薑、辣椒切絲；蔥切段；蒜頭切片備用。

3　熱鍋下油，放入肉絲略炒，續放薑、蒜頭、紅蘿蔔、竹筍拌炒。

4　再放入調味料、半碗水燜煮 5 分鐘，最後加入蔥、辣椒拌炒一下即可。

麻油山藥炒肉片

ma˘ iu˘ san˘ iog cau ngiug ` pien `

材料

山藥	600g
豬肉	300g
嫩薑／老薑	1 塊
枸杞	適量
麻油	3 大匙
鹽	適量

Yummy Tips

Δ 山藥起鍋前再放入，可保持清脆爽口。

食譜示範：苗栗　謝媽媽

作法

1　山藥切條；豬肉切片；薑切片；枸杞洗淨就好不用泡水備用。

2　熱鍋下麻油，先爆香薑片，再加肉片拌炒。

3　加入枸杞、少許水，煮到豬肉熟。

4　放入米酒、山藥，最後鹽巴調味，起鍋前再加些許米酒提味即可。

味噌
炒肉燥

mi ` jiong cau ngiug `

材料

絞肉	400g
紅蔥頭	2 瓣
蔥	1 支

調味料

味噌	150g
白胡椒粉	適量

食譜示範：高雄　邱媽媽

作法

1　紅蔥頭切碎；蔥切蔥花。

2　熱鍋先炒絞肉，炒到熟，並把油逼出來。

3　加入紅蔥頭炒香，並炒到肉變金黃色。

4　放入味噌拌炒均勻後，起鍋前加入些許白胡椒粉盛盤，撒上蔥花即可。

客家
肉丸湯

hag ˋ ga ˊ ngiug ˋ ien tong ˊ

豬肉│香蔥油│古早味

材料

絞肉	600g
冬粉	2 把
冬菜	1 匙
芹菜	1 株

調味料

木薯粉	2 匙
白胡椒粉	1/2 小匙
醬油	2 大匙
鹽	適量
香蔥油	1 匙

作法

1　絞肉加鹽、白胡椒粉、香蔥油調味拌勻，放入木薯粉抓醃，同方向攪拌至有黏性。

2　冬粉泡軟剪半；冬菜沖水；芹菜切珠備用。

3　醬油沾手掌，取一塊肉在手掌上拍打成橄欖球型；準備一鍋熱水，將肉丸子放入煮約 10 分鐘。

4　肉丸子湯裡加入冬粉煮熟後再放入冬菜、鹽調味，起鍋前加入芹菜、白胡椒粉即完成。

高雄 邱媽媽 — 葉浦雲女士

師母的自助餐

　　邱媽媽本是閩南人，小時候讀的是客家小學，後來嫁給客家籍的老師、成為客家師母。雖然15歲就開始進廚房做菜，但文化背景不同，夫家人的口味和料理習慣也與自己有很大的差異，邱媽媽自婚後跟著婆婆學做菜，如今道道都是濃濃客家味。

　　年輕時賣水果，一賣就是13年，不惑之年後轉戰跑道，全家一起經營自助餐廳，也在義守大學經辦學生食堂，上百道菜色輪流更替，邱媽媽一身的好手藝，營運十多年的學生餐廳，也算是校園內的名店了。

　　我想人跟人之間的緣份就是這麼地奇妙，閩南人嫁作客家媳婦，也燒出一手地道客家風，那道源自婆婆手藝的鹹魚肉餅，裝載的就是客家民族情感的傳承。

Yummy Tips

Δ 絞肉比例為肥肉：瘦肉 3：7。

仙草雞湯

xien´ co` gie´ tong´

仙草 | 雞肉 | 古早味

材料

雞	半隻
仙草乾	1 把
籛鬚	8 支
紅棗	8 顆
水	2000cc

調味料

鹽巴	適量

作法

1. 雞肉洗淨切塊備用。

2. 鍋子加水，放入仙草乾，煮滾後轉小火慢熬 1 小時。

3. 煮好的仙草湯過濾，再把紅棗、篸鬚及剁好的雞肉放入燉煮 40 分。

4. 最後加鹽巴調味即完成。

食譜示範：花蓮 鍾媽媽

　　仙草具有清熱、降火氣的功效，在客家莊是常見的消暑飲品。新鮮的仙草不適合拿來食用，需要拿來曬乾後起碼儲存三個月以上才適合熬煮。

　　放個兩三年，凝結的效果會提高，這樣煮出有濃郁香味的仙草茶。

　　小時候家裡的廚房很大，也會有一個大鍋，過年時拿來汆燙敬神祭祖的雞鴨；夏天時媽媽就會拿它來煮仙草茶，一小把仙草乾，洗淨上面的塵土，放入大鍋加水，熬上 4 小時，就有滿屋子的仙草味。

炆
豬 腳

vun zu ˊ giog ˋ

豬肉 | 醬油 | 古早味

材料

豬腳	1 隻
蒜頭	8 瓣
醬油	350cc
米酒	200cc
水	1200cc

作法

1 豬腳洗淨川燙至沒有血水，取出沖水洗去雜質與細骨備用。

2 備一鍋水，加醬油、冰糖、蒜頭、米酒及燙好的豬腳，大火煮滾，

3 將表面泡沫撈除，加蓋轉小火燉 90 分鐘。

4 中途上下翻動 2 ～ 3 次，讓豬腳燉煮上色均勻，也預防底部的豬腳不會黏鍋燒焦。

花蓮 鍾媽媽 － 林貴妹女士

田園裡的家鄉味

鍾媽媽以前是不會做菜的，因緣際會之下加入台灣農委會的家政班，49 歲開始學習廚藝，學出心得後開創新副業，創立「田媽媽養生餐坊」休閒觀光餐廳，也在富里農會從事輔導工作、參與重新打造社區的建設計畫。

鍾家有幾塊小農地，種滿各式各樣的作物，餐廳內所有的食材都來自家裡的田地，包含做荷葉飯的荷葉、仙草雞湯中的仙草，如此費工，為的是讓客人吃得安心又健康。

鍾媽媽能記住全家上下這麼多人的飲食喜好，我不得不佩服她的細膩和貼心。訪問當日我們用熟悉的客家語言溝通，與其說訪問、不如說是「話家常」，餐桌上香氣四溢的佳餚，一如記憶裡媽媽的味道，回顧與鍾媽媽短暫的相識相遇，我彷彿重回母親的懷抱，很溫暖、很深情、很親密。

花生
豬腳湯

fan´ teu zu´ giog` tong´

材料

豬腳	1 隻
生花生	200g
薑	30g
香菜	2～3 株
八角	2 顆

調味料

白胡椒粉	適量
米酒	100g
水	1500cc
鹽	適量

作法

1 豬腳切塊汆燙；花生洗淨泡水後汆燙；香菜洗淨去蒂頭切碎；薑洗淨切片備用。

2 取一湯鍋，放入除了香菜以外的食材，加米酒與水(水要蓋過食材)。

3 大火煮滾後，轉小火燉煮約 1.5～2 小時。

4 最後加鹽、白胡椒粉調味，盛起放入香菜即可。

Cindy's Yummy Tips

Δ 燉煮時間的掌控，可依個人口感喜好作增減。

Δ 用壓力鍋燉煮，大約 15 分鐘即熟透。

Δ 白胡椒粉是客家菜的精神，過猶不及都無法體會客家菜精神。

客家巧婦的智慧

「吃飽」為主

對於農村百姓們而言米食的豐收，代表的是一份非常濃烈的情感，這是每日辛勤耕種的成果，也是一家大小能溫飽的象徵。

讓時光回溯到更久以前，客家族群為了克服大環境的不利，往往要付諸加倍的勞力才能繼續生存，在吃食方面都僅以「吃飽」為主。

「粄」

多數客家人從事頗耗體力的農務工作，粄類巧食因應而生，「粄」也就是閩南人所說的「粿」，先將米磨成漿，再利用米漿或是米漿除去水分後形成的粄粹做變化，常見的有客家粢粑、艾草粄、粄粽、蘿蔔糕、菜包等等，這種多以糯米為主要食材的米食，不僅容易止饑，而且攜帶方便，農忙時期，帶著米粄下田、省時省力，由此也不難看出客家婦女的聰慧和賢淑。

擅長的米粄功夫

在我的記憶裡，每個客家媽媽都有自己最擅長的米粄料理，有的鹹香Q彈、有的甜滑細緻，這不僅是為了應付日常，就連逢年過節、祭祀祭拜的儀式裡，「粄」也都是不可或缺的重點。我在書裡分享了幾則米粄的做法，就是想讓這種客家婦女體恤家人的巧思，以及客家人崇天敬祖的精神流傳下去。

隱藏深山裡的米食好滋味

苗栗三義 羅媽媽 — 羅彭芳女女士

　　朋友知道我在記錄客家傳統美食，向我推薦在三義有位羅媽媽，她做的客家米食遠近馳名。帶著朝聖的心情，便驅車前往拜訪羅媽媽。來到三義，經過熱鬧的市集，轉個彎，路越走越小，直往山裡的方向駛去，越往下走，心裡的不確定感越重！當開始懷疑我是不是迷路了？眼前出現一個大招牌，「羅莊米食坊」，才確定到了目的地！但在這前不著村後不著店的民宅前，掛這麼大的招牌，讓還沒進門的我有點納悶！這招牌是要掛給誰看？

　　進門看見羅媽媽精神抖擻地帶著媳婦，正在做客家粢粑。眼前這位年近八十的客家媽媽，身手矯健的獨立扛起一桶桶十幾斤的粢粑做分裝。這一天他們正忙著製作大量的訂單。有新丁粄、錢仔粄、甜糯米飯、甜年糕、菜頭粄、菜包、客家粢粑。羅媽媽告訴我，今天我看到的客家米食，都涵蓋了客家婚喪喜慶所需的敬神供品。

行行出狀元，做粄也能當名人

從小跟媽媽學做粄，沒讀過書的她連算數都不會，沒想過要做生意。開始只是做給親朋好友吃。實在太好吃！親戚鄰居有需要就請她幫忙製作，慢慢的口碑傳開後，有許多外地人也循地找到家裡來，要求訂做節慶米食。羅媽媽的米食堅持純手工，做菜包的艾草自己種，粽子裡的蘿蔔乾自己曬。全不假手他人，自己一手包辦。

匠人匠心

當我採訪她，向她討教米食的配方及做法，她並沒有拿出一本紀錄配方的武功秘笈。任何一道的米食比例、做法都在她的腦子裡，且都能倒背如流！不僅牢記還能活用。她跟我分享米食好吃的精髓。米的比例不能一成不變，需要觀察米的新舊，氣候的變化來決定。不同米種的搭配比例，還有米與水的搭配比例。觀察季節溫度決定泡米的時間，當我記錄到這裡，我發現羅媽媽的米食是活的，無法用食譜精準到位的紀錄。匠人的專業靠著日積月累的經驗，所有的技術、知識，早已內化在她的身體裡，她這本食譜寫了33年！近年開始帶著媳婦、孫子一起學習，希望將這好手藝可以手把手的傳下去，問她打算何時退休，她說：「做到不能做為止」，我在羅媽媽身上又看到客家婦女「堅毅不拔」的個性！

米漿 & 粄粹

mi ` jiong ˇ & ban cui

材料

蓬萊米	在來米
圓糯米	水

＊依不同的米食產品而使用不同種類的米

米食的基底

客家米食最常使用的米有三種：蓬萊米、在來米、糯米。

「蓬萊米」就是粳稻，形狀圓短、顏色透明。平常我們最常吃的米飯、粥，煮熟後略黏，Q軟適中。

「在來米」為秈稻，形狀細長、透明度高，吃起來口感較硬較乾鬆、不黏，適合做成粄糕類食物。如：鹹甜水粄、蘿蔔糕、芋籤粄、米苔目、米粉、粄條。

「糯米」有分圓糯米，又稱「粳糯」形狀圓短。長糯米又稱「秈糯」，細長的顏色不透明，口感較軟黏。可做成鹹甜米糕、牛汶水、湯圓、麻糬、粽子，各式粄類。

米漿作法

1 　將米洗淨，浸泡水約 4 小時，再用磨米機磨成米漿即可。

2 　一般民眾可用果汁機以 1：1 的比例打成米漿。

粄粹作法

1 　將磨好米漿倒入粿袋中，封口綁緊。

2 　取長板凳，將整袋米漿放在長板凳上，放上扁擔，兩頭用繩子綁在扁擔上綁緊，壓乾水分，直至無水分為止。(也可將整袋米漿放入脫水機裡脫乾水分)

3 　水分壓乾後，即成粄粹。

鹹水粄

ham˘ shui´ ban`

水粄材料

在來米漿	300g
水	660cc
鹽	少許

＊米漿作法參考 p.150

炒料

蝦皮	10g
韭菜	30g
蘿蔔乾	40g

調味料

白胡椒粉	適量

作法

1 米漿加水、鹽巴入鍋中，開中小火持續攪拌至糊狀。

2 準備碗，在碗裡抹油，將糊狀的水粄倒入碗中，蒸約 20 分鐘關火。

3 蘿蔔乾切小丁；韭菜切末；熱鍋放油，加入蝦皮、韭菜、蘿蔔乾略炒，最後加入白胡椒粉調味。

4 拿出蒸好的水粄，放上作法3的炒料，食用時可加醬油或醬油膏品嘗。

Cindy's Yummy Tips

△ 蘿蔔乾將水分炒乾口感較佳。

△ 煮米漿時需持續攪拌至糊狀，可增加成品的 Q 彈性。

△ 蒸水粄時，如不確定是否熟透，可用筷子戳洞，拔起如無米糰沾黏即是熟透。

甜
水 粄

tiam ˇ shui ˊ ban ˋ

材料

在來米漿	300g
水	660g
紅糖	40g
黑糖	20g

＊米漿作法參考 p.150

作法

1　將水、紅糖、黑糖入鍋煮至糖融化；加入米漿煮滾。

2　持續攪拌至糊狀,將碗抹上油備用。

3　將煮至糊狀的甜水粄倒入碗中,蒸約 20 分鐘即可。

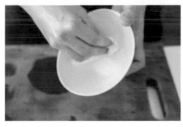

Cindy's Yummy Tips

△ 糖要充分溶解於水中,以免影響口感。

△ 米漿一定要事先加熱攪拌至糊狀,以免蒸的過程粉水分離。

△ 煮米漿時需持續攪拌至糊狀,可增加成品的 Q 彈性。

鹹甜粄

ham ˇ tiam ˇ ban ˋ

米漿 │ 香蔥油 │ 傳統菜

材料

蓬萊米	400g
圓糯米	600g

＊米漿作法參考 p.150

炒料

豬肉	120g
乾香菇	5 朵
蝦米	30g
乾魷魚	50g
香蔥油	3 大匙

調味料

鹽	1 小匙
醬油	
米酒	各 2 大匙

作法

1 豬肉切丁；乾香菇泡水切丁；蝦米洗淨；乾魷魚泡水切丁備用。

2 熱鍋下油，先爆炒豬肉，在依序放入蝦米、魷魚、香菇拌炒，最後加入鹽、醬油、米酒調味。

3 將炒好的料與粄粹搓揉均勻，準備蒸籠，先鋪上蒸布再鋪蒸紙，將拌好的鹹粄粹倒入。

4 約蒸 1.5～2 小時，過程中適時加水，且不能掀蓋，保留蒸籠內的熱氣直到蒸熟即可。

苗栗 練媽媽 — 徐榮妹女士

鹹甜粄

　　鹹甜粄是一道我非常喜歡吃的客家米食料理，常在過年時的餐桌出現。小時候奶奶每年過年都做，奶奶走後，大部分吃到的都是街坊親友的愛心分享。我一直很想學，找尋好久！都找不到願意傳授，我心目中真正好吃的鹹甜粄。因緣際會因做節日結識練媽媽的女兒，跟她提起我對鹹甜粄的情愫，她跟我介紹她媽媽的鹹甜粄是她吃過最好吃的！這讓我感到興奮！當下就邀約到練媽媽家學做鹹甜粄。當鹹甜粄放上蒸籠冒出蒸汽的當下，滿屋了瀰漫濃濃的炒料肉香、米香，真是香的折磨人！等待在煎熬中過去，粄出爐後練媽媽一邊切，我們便像一群孩子圍著她，等不及盛盤，一口接一口，顧不得要幫鹹甜粄拍沙龍照，就被一群飢腸轆轆的食客像蝗蟲過境般一掃而光。

　　過艱辛的歲月，孩子們都已成家立業，練媽媽當了煉奶奶，現在終於可以過著倒吃甘蔗的甜美人生。

Yummy Tips

△ 蓬萊米和圓糯米的比例為 4：6。

△ 炒料要炒的偏鹹一點，因為還要跟粄粹攪拌，偏鹹一點才不會吃不出味道。

△ 此配方的份量較多，一般小家庭份量約蒸 40 分鐘即可。

蘿蔔糕

lo˘ ped ban

材料

在來米	600g
白蘿蔔	1800g

＊米漿作法參考 p.150

調味料

鹽	各 1 大匙
白胡椒粉	

作法

1 白蘿蔔洗淨去皮切絲。

2 熱鍋將白蘿蔔絲炒至飄香熟透，加入鹽、白胡椒粉調味。

3 加入米漿持續攪拌至糊化。

4 取一容器鋪上粿布，倒入，蒸約 40 分鐘即可。

Cindy's Yummy Tips

△ 炒蘿蔔絲時加入鹽，可以提出蘿蔔香氣。

△ 白胡椒粉是客家調味的精髓，一定要加至夠味。

△ 蘿蔔糕要確認是否熟透，可用筷子戳洞，拔起如無米糰沾黏即是熟透。

客家
芋簽粄

hag ˋ ga ´ vu qiam ˇ ban ˋ

材料

芋頭	600g
在來米	100g
蝦皮	10g
韭菜花	1 把
香蔥油	1 大匙

＊米漿作法參考 p.150

調味料

香蔥油	1 大匙
鹽	
白胡椒粉	各 1 小匙
糖	

作法

1　芋頭去皮切絲；韭菜花切小丁。

2　熱鍋下油，將芋頭炒至軟化，放入鹽、香蔥油略炒後，加入米漿攪拌均勻。

3　準備容器鋪上不沾紙或可抹油，將作法 2 倒入，壓緊壓實，大火蒸 30 分鐘。

4　熱鍋下油，放入香蔥油、蝦皮略炒，放入韭菜花、鹽、白胡椒粉充分攪拌撈起。

5　將炒好的料放上蒸好的芋籤粄即可。

發粄

fad ban

材料

蓬萊米	850g	酵母粉	10g
圓糯米	150g	水	60g
二砂	400g		

＊粄粹作法參考 p.150

作法

1　酵母粉加水攪拌至融化。

2　將製作好的粄粹加糖再加入作法 1 的酵母水搓

2　揉拌勻，蓋上蓋子，放室溫發酵一個晚上。

3　準備蒸盤，放上蒸布。

4　將每顆米糰分成雞蛋大小，略整形抓成圓形後
　　放在蒸盤上。（整形時不可過分擠壓）

5　將米糰用大火蒸 20 分鐘即完成。

苗栗 練媽媽 — 徐榮妹女士

堅毅的溫柔

　　練媽媽住在三義倚山而居，丈夫在孩子還小時一場意外後身亡，失去丈夫的她，要面對獨力撫養三個幼子及中風的婆婆，還有家族的紛紛擾擾。如此沉重的壓力，許多人都以為她會選擇離開，練媽媽仍選擇用最溫柔的剛強面對。即使心中曾有委屈，怨嘆命運捉弄！但愛家、愛孩子的她，怎能捨得孩子。她選擇擦乾眼淚，咬牙扛起一家生計。悉心照料中風的婆婆、努力養大自己的三個孩子。

　　早年曾與先生在山上從事伐木的工作，年歲漸增後，山上伐木的工作無力繼續，練媽媽頂下一間小木屋經營餐廳，服務附近的建教合作生，年輕的學生們總在課後來到餐廳報到，享受著簡單的家常料理。練媽媽把這群學生當自己的孩子照顧，在打理餐廳的幾年時光裡，大家就像家人一樣，「溫馨」應該是這小餐館最受歡迎的原因。

　　從練媽媽的身上，我感受到客家婦人生命中偉大的韌性，她像風中的一枝蘆葦，渺小卑微、但堅韌不已。回顧勞苦的過往，她少有抱怨、取而代之的是知足和感恩。我在心中默默地為她喝采！走過艱辛的歲月，孩子們都已成家立業，練媽媽當了練奶奶，現在終於可以過著倒吃甘蔗的甜美人生。

台灣雖小，但地域上的不同還是會影響各地的飲食文化

行腳節目主持多年，關於這一點，我頗有感觸

其實因地制宜的概念也能用在料理上所有想法都不分對錯

只要能運用時令食材做出美味菜餚

任何材料的組合、烹調方式，都是該被接受的

南部地方盛產芋頭，芋頭粄自然做得比北部多，這就是南部客家媽媽應用智慧的表徵

芋頭粄

vu ban`

材料

芋頭	500g
圓糯米	600g
在來米	400g

＊粄粹作法參考 p.150

調味料

香蔥油	70g	
蝦米	40g	

鹽
糖
醬油
白胡椒粉

各1小匙

作法

1　芋頭去皮切小丁；蝦米切碎備用。

2　熱鍋下香蔥油、蝦米、鹽、醬油、糖、白胡椒粉拌炒均勻，放涼備用。

3　芋頭放入粄粹中，再加入作法 2 均勻搓揉至塑形成糰。

4　每個約 100g，整形成彎月狀，在表面抹上少許油，蒸約 20 分鐘即可。

Cindy's Yummy Tips

Δ 若粄粹太乾，可加些許水；太濕則加糯米粉，幫助成糰。

Δ 可使用月桃葉當芋頭粄的底，可使成品增加香氣。

牛汶水

ngiu˘ vun˘ sui、

牛汶水有個童趣的典故，是我喜歡教小孩做這道料理時說的故事。

在台灣的農業時代，有水牛幫忙犁田鬆土。

炎熱的夏日，農人會將水牛趕到附近水池讓水牛消暑。水牛見水，便一屁股坐在池中戲水，起身後，水池裡便形成一個凹洞，池水也混了！當時客家婦女作出這道點心，讓大家聯想到這個畫面，因此將這道米食甜品取名為牛汶水。

用這道點心跟小孩分享客家的飲食文化與農業時代的生活景象，讓小孩用故事串連對食物的情感連結。

材料

圓糯米	300g	薑	1 塊
		黑糖	2 杯
＊粄粹作法參考 p.150		花生角	100g
		水	2 杯

作法

1　老薑用菜刀拍鬆，加水煮 15 分鐘至香氣出來，撈起薑，放入黑糖煮至融化。

2　從壓乾的粄粹中取一小塊，搓成片狀，放入滾水中煮到浮起後撈起，即成「粄母」，放回粄粹中，搓揉成粄糰。

3　取一份約乒乓球大小的粄糰，搓成圓形後輕微壓成 1 公分厚片狀，中間壓轉一個凹窩，放入滾水中煮至浮起。

4　撈起煮好的牛汶水放入黑糖薑汁中，灑上花生角即可。

Cindy's Yummy Tips

△ 花生角要使用熟的去殼花生切碎。

△ 粄糰搓揉程度如耳垂般 Q 度即可。

米苔目

mi ˋ qi ˊ mug ˋ

材料

在來米	600g
水	125g
太白粉	50g

＊米漿、粄粹作法參考 p.150

作法

1　將打好的米漿留 50g 備用，其餘的脫水成粄粹；50g 米漿加水煮至沸騰，持續攪拌至糊化。

2　粄粹先與太白粉攪拌均勻，再加入糊化的米漿攪拌搓揉至軟硬適中的米糰。

3　煮一鍋沸水，將篩網放置於鍋上，將米糰來回用手在篩網上搓揉，使米糰透過篩網成細條狀入鍋。

4　入鍋時要攪拌使米苔目不沾黏，煮至浮起即可撈出泡冷水降溫。

Cindy's Yummy Tips

Δ 煮米漿時需持續攪拌至糊狀，可增加成品的 Q 彈性。

米苔
目湯

mi` qi´ mug` tong´

材料

米苔目	1 份
韭菜	30g
蝦米	30g
乾香菇	5 朵
肉絲	100g
芹菜	2 株
肥湯	適量

＊肥湯作法參考 p.28
＊米苔目作法參考 p.168

醃料

白胡椒粉	適量
醬油	
香油	少許
太白粉	

調味料

香蔥油	2 大匙
鹽	
白胡椒粉	適量

作法

1 蝦米泡米酒；乾香菇泡水切絲；韭菜、芹菜切塊備用。

2 肉絲用醬油、白胡椒粉、香油、太白粉抓醃。

3 熱鍋下油爆香蝦米、肉絲、香菇，再加入香蔥油、白胡椒粉，炒香後加入肥湯煮滾。

4 起鍋前放入米苔目、韭菜、芹菜，最後加鹽調味即可。

Cindy's Yummy Tips

Δ 蝦米用米酒泡可去腥。

Δ 甜湯的吃法，用黑糖水加入米苔目也別有風味！

如果你在端午節前夕，在家庭自製的粽子堆裡，看到鹼粽或是粄粽

那這家的主婦肯定是個客家媽媽

炒香的內餡香氣四溢，一口咬下的時候，不但吃得到粄糯QQ的口感，還有濃郁的香蔥味

餡料更是越咀嚼越香，加上粽葉的清新，絕對讓人吃了還想再吃

粄粽是客家米食的代表之一，想要一探客家菜奧秘的讀者朋友們，一定要親手做做看

粄粽

ban zung

材料		內餡		調味料	
圓糯米	500g	蘿蔔乾	50g	香蔥油	1 大匙
蓬萊米	100g	豆乾	3 塊	白胡椒粉	適量
		香菇	5 朵	米酒	
＊粄粹作法參考 p.150		蝦米	20g	醬油	各 1 匙
		豬絞肉	120g	糖	
		蒜頭	2 瓣		

作法

1　從壓乾的粄粹中取一小塊，搓成片狀，放入滾水中煮到浮起後撈起，即成「粄母」，放回粄粹中，搓揉成柔軟細緻的粄糰。

2　內餡的材料切碎，將絞肉炒熟盛起，同一鍋再下蝦米、香菇、蘿蔔乾，再放回絞肉、蒜末、豆乾炒至均勻。

3　再放入香蔥油、白胡椒粉、醬油、糖，熗入米酒，炒乾收汁，起鍋放涼。

4　取粄糰 (一顆約 60g) 包入內餡，縮口搓圓，表皮抹油，包入粽葉中用棉繩固定 (可參考 p.180 包粽子的作法)，約蒸 20 分鐘即可。

Cindy's Yummy Tips

△ 若粄粹太乾，可加些許水；太濕則加糯米粉，幫助成糰。

△ 粄糰搓揉程度如耳垂般 Q 度即可。

△ 粽葉表面有紋路的在外，較滑面的在內。

△ 餡料多寡，依個人喜好及包餡技術不同可做調整。

客家鹹湯圓

hag ˋ ga ˊ tai ˊ xiag ˋ ien ˇ

湯圓皮

圓糯米	600g

＊粄粹作法參考 p.150

內餡材料

絞肉	300g
蝦米	20g
香菇	4 朵
蒜苗	1 支
韭菜	5 支

內餡調味料

鹽	適量
沙茶醬	1 匙
糖	1/2 匙
香蔥油	少許

湯底材料

韭菜	1 支
芹菜	2 支
香蔥油	少許
肥湯	適量
白胡椒粉	少許
香菜	1 把

＊肥湯作法參考 p.28

食譜示範：大江屋 江媽媽

作法

1　將內餡絞肉切細；蝦米切細；香菇、蒜苗剁碎；韭菜切段；芹菜切株備用。

2　熱鍋下油炒蒜苗、蝦米、香菇、豬肉，加鹽、白胡椒粉、沙茶醬、糖、香蔥油調味放涼備用。

3　從壓乾的粄粹中取 小塊，搓成片狀，放入滾水中煮到浮起後撈起，即成「粄母」，放回粄粹中，搓揉成粄糰。

4　取一粄糰約乒乓球大小搓圓，從中心向外壓成碗狀，將餡料放入後，用虎口將湯圓封口並搓圓。

5　大火煮到湯圓浮起。

6　準備湯鍋，放韭菜、芹菜、香蔥油，注入高湯後再將煮熟的湯圓放入，加入白胡椒粉調味，最後撒上香菜。

Yummy Tips

△ 若粄粹太乾，可加些許水；太濕則加糯米粉，幫助成糰。

△ 粄糰搓揉程度如耳垂般 Q 度即可。

△ 餡料多寡，依個人喜好及包餡技術不同可做調整。

粢粑

qi ˇ ba ´

材料

圓糯米	300g
糖 1	1 大匙
花生粉	適量
糖 2	

＊叛粹作法參考 p.150

作法

1　將叛粹搓成細小狀，加入糖 1 攪拌均勻。

2　加入些許水，邊揉邊調整軟硬度，差不多至耳垂的軟硬度後，蒸約 30 分鐘。

3　將花生粉加入糖 2 攪拌均勻。

4　將蒸好的粢粑放入攪拌機攪拌至光滑有彈性，即可分割沾上花生糖粉。

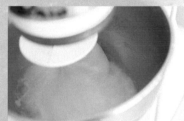

Cindy's Yummy Tips

Δ 將叛粹揉至成糰，需要掌控好軟硬程度，讓米糰呈現耳垂的軟度較佳。

Δ 蒸的時候，要將容器抹上油，才不易蒸好時黏住。

Δ 花生粉如買來有加好糖可不必再加糖，甜度可依個人喜好做微調。

炆糯飯

vun no fan

材料

長糯米	3 杯
肉絲	200g
乾魷魚	1/2 尾
蝦米	4 大匙
乾香菇	6 朵
香菜	1 株

調味料

醬油	1 大匙
鹽	適量
米酒	1 匙
糖	1 匙
白胡椒粉	1/2 匙
香油	少許
香蔥油	1 大匙

作法

1　長糯米、乾魷魚泡冷水 2 小時；乾魷魚切條狀備用。

2　香菇、蝦米泡軟瀝乾；香菇切條狀；肉絲加入些許醬油醃 15 分鐘備用。

3　熱鍋下油爆香蝦米，續放魷魚、肉絲、香菇炒香後，加香蔥油、醬油、米酒、白胡椒粉、糖、香油調味。

4　放入糯米加 2 杯水略炒關火，取內鍋盛起放入電鍋中 (外鍋放一碗水，電源跳起再悶 10 分鐘) 或蒸籠蒸約 30 分鐘蒸熟即可。

Cindy's Yummy Tips

Δ 香菇水和蝦米水要留下來，可當作加入 2 杯的水。

傳 統 米 粽

hag`ga´mi`zung

＊約 40 粒米粽。

材料

圓糯米	10 斤
豬肉	3 斤
豬油	2 斤
香菇	10 兩
蝦米	10 兩
蘿蔔乾	12 兩
香蔥油	10 兩
白胡椒粉	適量
粽葉	1 斤
粽繩	4 串

滷汁材料

醬油	
米酒	適量
白胡椒粉	
水	

餡料作法

1 糯米泡 3 小時後瀝乾；豬油煸出油後，將豬油渣取出；依次煸香蝦米、香菇、蘿蔔乾，最後將煸過的材料混合後，加入香蔥油、鹽、白胡椒粉調味拌炒，即成內餡備用。

2 豬肉用滷汁滷約 30 分鐘備用。

3 取一炒鍋放入糯米、1/5 餡料及香蔥油一起拌炒，分次加水 (一斤米一碗水)，小火炒至水分略乾即可盛盤。

4 將炒好的米放入蒸籠蒸至 8 分熟，取出放涼，即可包粽。

龍潭 江媽媽 — 江李桂春女士

最有愛的肉粽

　　12 歲時喪母，江李媽媽為了照顧弟妹而晚婚，年輕時的她什麼工作都得做，婚前做菜的手藝是從鄰居家一點一點學來的。結婚後為了拿到農會推廣的學習獎金，江李媽媽很認真地學烹飪、考證照。當上村長後，利用過去學習的料理方式，她開辦了外籍配偶成長營，教導新移民做料理，除此之外，她還替社區老人義務做餐，不是開餐廳的江媽媽，家中卻堆疊著許多大份量的器皿，她的愛是如此地博大。

　　以關懷老人為初衷，江媽媽在做公益時仍不忘推廣客家菜，邀請社區婦女一同準備膳食，既能照顧長輩們的營養需求，也能增進鄰里間的情感，她在分享的過程中，更是自然而然地把客家菜的風味延伸至每個角落。

　　有幸在端午前夕參與江媽媽的佳節送暖活動，一起為獨居老人包粽子，滿滿的餡料讓人難以想像是無償地做公益。出自我手的粽子、飽滿而紮實，粽葉裡除了美味，還包裹著我對江媽媽的敬意，那是無私、奉獻的大愛，實屬難得。

包粽子

1　粽葉買回來須先浸泡並刷洗乾淨，粽繩吊好備用。

2　取一粽葉往內折，交叉形成漏斗狀，右邊粽葉要比左邊粽葉短。

3　將一匙米放入粽葉中，將餡料和豬肉放在米的上方，再用米覆蓋餡料，將上方的粽葉往下折。

4　左手按住粽葉的兩側，右手將左右兩邊的粽葉收齊，接著將突出的粽葉，往一邊收起來，並且用姆指壓住。

5　用粽繩將粽子繞兩圈扎緊，綁上活結。

6　最後將綁好的粽子放回蒸籠蒸 20 分鐘即可。

鹼 粽

gi´ zung

材料

圓糯米	1 斤
鹼油	24g
粽葉	1 包
粽繩	1 串

作法

1 糯米洗淨泡水瀝乾，將鹼油倒入糯米裡攪拌均勻。

2 粽葉買回來須先浸泡並刷洗乾淨，粽繩吊好；取一粽葉往內折，交叉形成漏斗狀，右邊粽葉要比左邊粽葉短。

3 放滿米，將上面的粽葉往下折，左手按住粽葉的兩側，右手將左右兩邊的粽葉收齊。

4 接著將突出的粽葉，往一邊收起來，並且用姆指壓住，用粽繩將粽子扎兩圈綁上活結。

5 將綁好的粽子放入滾水中以中火煮 4 小時。

Cindy's Yummy Tips

Δ 鹼油的比例需視購買品牌標示而定。

Δ 鹼粽只需包 7 分滿，預留空間使米粒漲大，以免鹼粽口感太硬，影響風味。

客家
炒米粉

hag ` ga ´ cau mi ` fun `

材料

米粉	150g	辣椒	1支
蝦米	20g	乾魷魚	50g
紅蘿蔔	60g	肉絲	100g
芹菜	2株	香菇	4朵
蒜頭	2瓣	蔥	2支

調味料

香蔥油	30g
白胡椒粉	適量
鹽	
米酒	1匙

作法

1　米粉泡冷水；蝦米泡米酒；紅蘿蔔刨絲；芹菜切丁；蒜頭、辣椒切片；蔥切段；乾魷魚、香菇均先泡水再切絲備用。

2　熱鍋下油，先炒肉絲，變色後起鍋；用原鍋續炒蝦米、魷魚、香菇，炒香後放回肉絲，加入鹽、香蔥油、白胡椒粉、米酒調味。

3　放入蒜片、紅蘿蔔絲略炒後，加入半碗水、米粉拌炒。

4　最後放入辣椒片、蔥段、芹菜丁拌炒均勻即可。

芋頭
米粉湯

vu e ˋ mi ˋ fun ˋ tong ˊ

材料

芋頭	300g
乾香菇	4 朵
蝦米	15g
五花肉絲	100g
米粉	100g
芹菜	1 株
韭菜	6 支

調味料

肥湯	1000cc
鹽	適量
白胡椒粉	1 小匙
糖	少許
醬油	1 匙
香蔥油	1 大匙

＊肥湯作法參考 p.28

作法

1　芋頭削皮切大塊；蝦米泡水；香菇泡水切片；米粉泡水；
　　芹菜、韭菜切末備用。

2　肉絲加些許醬油醃 15 分鐘備用。

3　熱鍋下油放入五花肉絲炒熟盛出，續放蝦米略炒再加入香
　　菇炒香，將炒好的肉絲再倒入，加香蔥油、白胡椒粉炒均
　　後盛起備用。

4　在原來的鍋中，放入肥湯煮滾後加入芋頭，中火將芋頭煮
　　熟，後續加米粉與所有配料煮滾，起鍋加入芹菜、韭菜調
　　味即可。

Cindy's Yummy Tips

Δ 蝦米可以泡米酒去腥。

Δ 肉絲、蝦米、香菇分開炒香，可以更容易掌控每種食材的熟成度。

客家
炒粄條

hag ` ga ´ cau mien pa ban `

白胡椒粉和香蔥油是客家菜的靈魂
只要有這兩樣調味品
簡單的炒粄條也可以是濃濃的客家本色
粄條本身就是客家米食的代表食材，滑順又好入口
讓這簡易料理成為客家庄內的平民美食

材料

粄條	5 片
肉絲	150g
蝦米	30g
香菇	5 朵
韭菜	8 支
紅蘿蔔	100g
香蔥油	2 大匙
豆芽菜	100g

醃料

醬油	各 1 匙
米酒	
白胡椒粉	少許
太白粉	1/4 匙

調味料

鹽	適量
白胡椒粉	

作法

1　粄條切條撥開；香菇泡水切絲；韭菜切段；紅蘿蔔切絲；豆芽菜洗淨；蝦米泡酒；肉絲用醃料抓醃備用。

2　熱鍋下油炒香蝦米，依序放肉絲、香菇、香蔥油、紅蘿蔔拌炒。

3　放入粄條，加入鹽、白胡椒粉、豆芽菜、韭菜及半碗水，炒至水收乾。

Cindy's Yummy Tips

△ 肉絲抓醃時加點太白粉可讓肉質更軟嫩。

△ 調味時可依個人喜好添加醬油。

紅麴
米糕

zo´ ma˘ tiam˘ no fan

材料

圓糯米	300g
長糯米	300g
米酒	600g
二砂	200g
桂圓肉	80g
紅麴米	3 大匙

作法

1 糯米洗淨瀝乾，放入內鍋，加三大匙紅麴米，倒入米酒浸泡一晚。

2 放入電鍋，外鍋加一杯半水煮至跳起。

3 加入糖、桂圓肉拌勻，外鍋再加 1/3 杯水煮至跳起即可。

國家圖書館出版品預行編目（CIP）資料

亞莉的懷舊客家菜 / 張亞莉著 . -- 一版 . -- 新北市：
優品文化, 2021. 07；192面；19x26公分. --（Cooking；5）
ISBN 978-986-5481-08-7（平裝）

1. 食譜 2. 臺灣

427. 133   110009095

Cooking : 5

亞莉的
懷舊客家菜
// Cindy Hakka Kitchen

作　　者	張亞莉
總 編 輯	薛永年
美術總監	馬慧琪
文字編輯	董書宜、王佳萱
美術編輯	李育如、黃頌哲
攝　　影	王隼人、劉泓德
製作團隊	陳舒屏、林巧紜

/ 贊 助 商 /

IUSE

提供專業、豐富、多元的餐桌廚房用品
不斷精煉「享受器皿的層次」
品味共享「器具的日用之美」
生活精品、東西器皿、專職器具、精良工藝
與您一同成為開創生活的研選家

IUSE
SPECIALIZE IN HOUSEWARES
SINCE 2005

出 版 者　優品文化事業有限公司
　　　　　地址：新北市新莊區化成路 293 巷 32 號
　　　　　電話：(02) 8521-2523 / 傳眞：(02) 8521-6206
　　　　　信箱：8521service@gmail.com
　　　　　（如有任何疑問請聯絡此信箱洽詢）

印　　刷　鴻嘉彩藝印刷股份有限公司

業務副總　林啓瑞 0988-558-575

總 經 銷　大和書報圖書股份有限公司
　　　　　地址：新北市新莊區五工五路 2 號
　　　　　電話：(02) 8990-2588 / 傳眞：(02) 2299-7900

網路書店　www.books.com.tw 博客來網路書店

出版日期　2021 年 7 月
版　　次　一版一刷
定　　價　420 元

上優好書網

FB 粉絲專頁

LINE 官方帳號

Youtube 頻道